中国科普大奖图书典藏书系

数 学 大 世 界

之

代数的威力

李毓佩 著

中国盲文出版社

湖北科学技术出版社

图书在版编目（CIP）数据

数学大世界之代数的威力：大字版 / 李毓佩著. —北京：中国盲文出版社，2020.4

（中国科普大奖图书典藏书系）

ISBN 978-7-5002-9515-0

Ⅰ.①数… Ⅱ.①李… Ⅲ.①代数—普及读物 Ⅳ.①O15-49

中国版本图书馆 CIP 数据核字（2020）第 018505 号

数学大世界之代数的威力

著　　者：李毓佩
责任编辑：包国红
出版发行：中国盲文出版社
社　　址：北京市西城区太平街甲 6 号
邮政编码：100050
印　　刷：东港股份有限公司
经　　销：新华书店
开　　本：787×1092　1/16
字　　数：118 千字
印　　张：12.5
版　　次：2020 年 4 月第 1 版　2020 年 4 月第 1 次印刷
书　　号：ISBN 978-7-5002-9515-0/O·40
定　　价：39.00 元
编辑热线：(010) 83190265
销售服务热线：(010) 83190297　83190289　83190292

目　录
CONTENTS

1. "代数学"的发现　001

├ "代数学"的由来　∥ 001

├ 负数的出现　∥ 003

├ 无理数与谋杀案　∥ 004

├ 虚无缥缈的数　∥ 010

├ 代数之父　∥ 014

├ 奇妙的数字三角形　∥ 016

├ 《算盘书》和兔子问题　∥ 020

├ 他延长了天文学家的生命　∥ 025

├ 躺在床上思考的数学家　∥ 029

├ 真函数与假函数　∥ 031

├ 由瓦里斯问题引起的推想　∥ 034

├ 神奇的普林顿 322 号　∥ 039

├ 我需要一个特殊时刻　∥ 041

├ 刘徽发明"重差术"　∥ 043

├ 代数符号小议　∥ 047

2. 代数的威力 050

├ 裁纸与乘方 // 050

├ 幂字的趣味 // 052

├ 沈括与围棋 // 057

├ 组成最大的数 // 058

├ 从富兰克林的遗嘱谈起 // 059

├ 从密码锁到小道消息 // 062

├ 韦达定理用处多 // 064

├ 算术根引出的麻烦 // 068

├ 神通广大的算术根 // 071

├ 测量古尸的年代 // 074

├ 用几何法证代数恒等式 // 077

├ 妙啊，恒等式 // 079

├ 代数滑稽戏 // 081

3. 方程博览会 084

├ 最古老的方程 // 084

├ 墓碑上的方程 // 086

├ 泥板上的方程 // 089

├《希腊文集》中的方程 // 091

├ 古印度方程 // 094

├ 小偷与方程 // 098

├ 牛顿与方程　∥ 100

├ 欧拉与方程　∥ 107

├ 爱因斯坦与方程　∥ 111

├ 丞相买鸡与不定方程　∥ 114

├ 对歌中的方程　∥ 118

├ 收粮食和量井深　∥ 120

├ 解三次方程的一场争斗　∥ 123

├ 阿贝尔与五次方程　∥ 128

├ 悬赏十万马克求解　∥ 133

4. 闯关纵横谈　139

├ 他为什么不放心　∥ 139

├ 2*a* 和 3*a* 哪个大　∥ 143

├ 老虎怎样追兔子　∥ 148

├ 大数学家没做出来　∥ 151

5. 代数万花筒　157

├ 波斯国王出的一道难题　∥ 157

├ 印度的国际象棋传说　∥ 162

├ 五子盗宝　∥ 165

├ 船上的故事　∥ 168

├ 一句话里三道题　∥ 171

├ 蛇与孔雀 ∥ 174

├ 解算夫妻 ∥ 176

├ 弯弯绕国的奇遇 ∥ 180

1. "代数学" 的发现

├─ "代数学" 的由来

"代数学" 一词来自拉丁文，但是它又是从阿拉伯文变来的，其中还有一段曲折的历史。

7 世纪初，穆罕默德创立伊斯兰教，并迅速传播开去。他的继承者统一了阿拉伯，又不断向外扩张，建立了横跨欧、亚、非三洲的大帝国，我国史书上称之为大食国。

大食国善于吸取被征服国家的文化，把希腊、波斯和印度的书籍译成阿拉伯文，设立许多学校、图书馆和观象台。在这个时期出现了许多数学家，最著名的是 9 世纪的阿尔·花拉子模。这个名字的原意是"花拉子模人摩西之子穆罕默德"，简称阿尔·花拉子模。

阿尔·花拉子模约生活于 780 — 850 年。公元 820 年左右，他写了一本《代数学》。到 1140 年左右，罗伯

特把它译成拉丁文。书名是"'ilm aljabr wa'l muquabalah"，其中 aljabr 是"还原"或"移项"的意思。wa'l muquabalah 是"对消"，即将两端相同的项消去或合并同类项。全名是"还原与对消的科学"，也可以译为"方程的科学"。后来第二个字渐渐被人遗忘，而 aljabr 这个字变成了 algebra，这就是拉丁文的"代数学"。

"代数学"这个名称，我国是在 1859 年正式使用的。这一年，我国清代数学家李善兰和英国人伟烈亚力合作翻译英国数学家德·摩根所著的《Elements of Algebra》，正式定名为《代数学》。后来清代学者华蘅芳和英国人傅兰雅合译英国沃利斯的《代数术》，卷首有"代数之法，无论何数，皆可以任何记号代之"，说明了所谓代数，就是用符号来代表数字的一种方法。

阿尔·花拉子模的《代数学》讨论了方程的解法，并第一次给出了二次方程的一般解法。书中承认二次方程有两个根，还允许无理根的存在。阿尔·花拉子模把未知数叫作"根"，是树根、基础的意思，后来译成拉丁文的 radix，这个词有双重意义，它可以指一个方程的解，又可以指一个数的方根，一直沿用到现在。

阿尔·花拉子模的《代数学》有一个严重的缺点，就是完全没有代数符号，一切算法都用语言来叙述。比如"$x^2+10x=39$"要说成"一个平方数及其根的十倍等于三十九"。如果把用符号和字母来代替文字说成是代数学的基本特征的话，阿尔·花拉子模的《代数学》恐怕名不符实。

一 负数的出现

早在两千多年以前，我国就了解了正负数的概念，掌握了正负数的运算法则。那时候还没有纸，计算时使用一些小竹棍摆出各种数字。例如 378 摆成𝍢𝍶𝍧，6708 摆成𝍮𝍦 𝍧，等等。这些小竹棍叫作“算筹”。

人们在生活中经常遇到各种具有相反意义的量。比如在记账时会有余有亏；在计算粮仓存米数时，有进粮食、出粮食。为了方便，就考虑用具有相反意义的数——正负数来记它们。把余钱记为正，亏钱记为负；进粮食记为正，出粮食记为负等。

我国三国时期的学者刘徽，在建立正负数方面有重大贡献。

刘徽首先给出了正负数的定义。他说：“今两算得失相反，要令正负以名之。”意思是说，在计算过程中遇到具有相反意义的量，以正数和负数来区分它们。

刘徽第一次给出了区分正负数的方法。他说：“正算赤，负算黑。否则以邪正为异。”意思是说，用红色的棍摆出的数表示正数，用黑色的棍摆出的数表示负数。也可以用斜摆的棍表示负数，用正摆的棍表示正数。

刘徽第一次给出了绝对值的概念。他说：“言负者未必负于少，言正者未必正于多。”意思是说，负数的绝对值不一定小，正数的绝对值不一定大。

我国两千年前的数学著作《九章算术》中记载了正负数加减法的运算法则，原话是：

"正负术曰：同名相除，异名相益，正无入负之，负无入正之；其异名相除，同名相益，正无入正之，负无入负之。"

这里"名"就是号，"除"就是减，"相益""相除"就是两数绝对值相加、相减，"无"就是零。

用现代语言解释，就是："正负数加减的法则是：同符号两数相减，等于其绝对值相减；异符号两数相减，等于其绝对值相加。零减正数得负数，零减负数得正数。异符号两数相加，等于其绝对值相减；同符号两数相加，等于其绝对值相加。零加正数得正数，零加负数得负数。"

这一段关于正负数加减法的叙述是完全正确的。负数的引入是我国古代数学家杰出的创造之一。

用不同颜色的数来表示正负数的习惯一直保留到现在。现代一般用红色数表示亏钱，表示负数。报纸上有时登载某某国家经济上出现"赤字"，表明这个国家支出大于收入，财政上亏了钱。

无理数与谋杀案

无理数怎么和谋杀案扯到一起去了？这件事还要从公元前6世纪古希腊的毕达哥拉斯学派说起。

毕达哥拉斯学派的创始人是著名数学家毕达哥拉斯。

他认为："任何两条线段之比，都可以用两个整数的比来表示。"两个整数的比实际上包括了整数和分数。因此，毕达哥拉斯认为，世界上只存在整数和分数，除此以外，没有别的什么数了。

可是不久就出现了一个问题，当一个正方形的边长是1的时候，对角线的长等于多少？是整数呢，还是分数？

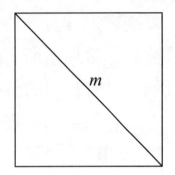

根据勾股定理 $m^2 = 1^2 + 1^2 = 2$。m 显然不是整数，因为 $1^2 = 1$，$2^2 = 4$，而 $m^2 = 2$，所以 m 一定比1大，比2小。那么 m 一定是分数了。可是，毕达哥拉斯和他的门徒费了九牛二虎之力也找不出这个分数。

边长为1的正方形，它的对角线总该有个长度吧！如果 m 既不是整数，又不是分数，m 究竟是个什么数呢？难道毕达哥拉斯错了，世界上除了整数和分数以外还有别的数？这个问题引起了毕达哥拉斯极大的苦恼。

当正五边形的边长为1时，对角线既不是整数也不是分数。

毕达哥拉斯学派有个成员叫希伯斯，他对正方形对角线问题也很感兴趣，花费了很多时间去钻研这个问题。

毕达哥拉斯研究的是正方形的对角线和边长的比，而希伯斯研究的却是正五边形的对角线和边长的比。希伯斯发现当正五边形的边长为 1 时，对角线既不是整数也不是分数。希伯斯断言：正五边形的对角线和边长的比，是人们还没有认识的新数。

希伯斯的发现推翻了毕达哥拉斯认为数只有整数和分数的理论，动摇了毕达哥拉斯学派的基础，引起了毕达哥拉斯学派的恐慌。为了维护毕达哥拉斯的威信，他们下令严密封锁希伯斯的发现，如果有人胆敢泄露出去，就处以极刑——活埋。

真理是封锁不住的。尽管毕达哥拉斯学派教规森严，希伯斯的发现还是被许多人知道了。他们追查泄密的人，结果发现，泄密的不是别人，正是希伯斯本人！

这还了得！希伯斯竟背叛老师，背叛自己的学派。毕达哥拉斯学派按照教规，要活埋希伯斯。希伯斯听到风声逃跑了。

希伯斯在国外流浪了好几年，由于思念家乡，他偷偷地返回希腊。在地中海的一条海船上，毕达哥拉斯的忠实门徒发现了希伯斯，他们残忍地将希伯斯扔进地中海。无理数的发现人被谋杀了！

希伯斯虽然被害死了，但是无理数并没有随之而消亡。从希伯斯的发现中，人们知道了除去整数和分数以外，还

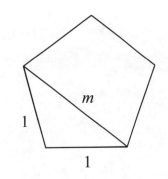

存在着一种新数，$\sqrt{2}$ 就是这样的一个新数。给新发现的数起个什么名字呢？当时人们觉得，整数和分数是容易理解的，就把整数和分数合称有理数；而希伯斯发现的这种新数不好理解，就取名为无理数。

有理数和无理数有什么区别呢？

主要区别有两点：

第一，把有理数和无理数都写成小数形式时，有理数能写成有限小数或无限循环小数，比如 $4=4.0$，$\frac{4}{5}=0.8$，$\frac{1}{3}=0.333\cdots$ 而无理数只能写成无限不循环小数，比如 $\sqrt{2}=1.4142\cdots$ 根据这一点，人们把无理数定义为无限不循环小数。

第二，所有的有理数都可以写成两个整数之比；而无理数却不能写成两个整数之比。根据这一点，有人建议给无理数摘掉"无理"的帽子，把有理数改叫"比数"，把无理数改叫"非比数"。本来嘛，无理数并不是不讲道理，只是人们最初对它不太理解罢了。

利用有理数和无理数的主要区别，可以证明 $\sqrt{2}$ 是无理数，使用的方法是反证法。

证明 $\sqrt{2}$ 是无理数。

证明：假设 $\sqrt{2}$ 不是无理数，而是有理数。

既然 $\sqrt{2}$ 是有理数，它必然可以写成两个整数之比的形式：

$$\sqrt{2} = \frac{p}{q}.$$

又由于 p 和 q 有公因数可以约去，所以可以认为 $\frac{p}{q}$ 为既约分数。

将 $\qquad\qquad \sqrt{2} = \frac{p}{q}$ 两边平方

得 $\qquad\qquad 2 = \frac{p^2}{q^2}$,

即 $\qquad\qquad 2q^2 = p^2$.

由于 $2q^2$ 是偶数，p 必定为偶数，设 $p = 2m$。

由 $\qquad\qquad 2q^2 = 4m^2$,

得 $\qquad\qquad q^2 = 2m^2$.

同理 q 必然也为偶数，设 $q = 2n$。

既然 p 和 q 都是偶数，它们必有公因数 2，这与前面假设 $\frac{p}{q}$ 是既约分数矛盾。这个矛盾是由假设 $\sqrt{2}$ 是有理数引起的。因此 $\sqrt{2}$ 不是有理数，而应该是无理数。

无理数可以用线段长度来表示。下面是在数轴上确定某些无理数位置的方法，其中 $\sqrt{2}$，$\sqrt{3}$，$\sqrt{5}\cdots$ 都是无理数。具体做法是：

在数轴上，以原点 O 为一个顶点，以从 O 到 1 为边作

一个正方形。根据勾股定理有

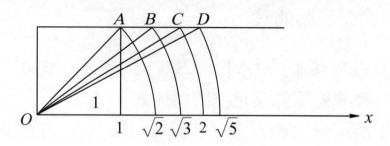

$$OA^2 = 1^2 + 1^2 = 2,$$

$$OA = \sqrt{2}.$$

以 O 为圆心、OA 为半径画弧与 OX 轴交于一点，该点的坐标为 $\sqrt{2}$，也就是说在数轴上找到了表示 $\sqrt{2}$ 的点；以 $\sqrt{2}$ 点引垂直于 OX 轴的直线，与正方形一边的延长线交于 B，同理可得 $OB = \sqrt{3}$，可在数轴上同法得到 $\sqrt{3}$。还可以得到 $\sqrt{5}$，$\sqrt{6}$，$\sqrt{7}$ 等等无理数点。

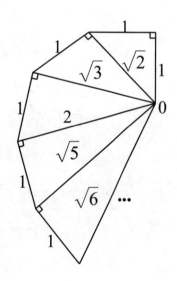

也可以用作直角三角形的方法，得到表示 $\sqrt{2}$、$\sqrt{3}$、$\sqrt{5}$ 等无理数的线段。

有理数与无理数合称实数。初中阶段遇到的数都是实数。今后还要陆续学到许多无理数，如 e，$\sin 10°$，$\log_{10} 3$ 等。

┝ 虚无缥缈的数

从自然数逐步扩大到了实数，数是否"够用"了？够不够用，要看能不能满足实践的需要。

在研究一元二次方程 $x^2+1=0$ 时，人们提出了一个问题：我们都知道在实数范围内 $x^2+1=0$ 是没有解的，如果硬把它解算一下，看看会得到什么结果呢？

由 $x^2+1=0$，得 $x^2=-1$.

两边同时开平方，得 $x=\pm\sqrt{-1}$（通常把 $\sqrt{-1}$ 记为 i）。

$\sqrt{-1}$ 是什么？是数吗？关于这个问题的正确回答，经历了一个很长的探索过程。

16 世纪意大利数学家卡尔达诺和邦贝利在解方程时，首先引进了 $\sqrt{-1}$，对它还进行过运算。

17 世纪法国数学家和哲学家笛卡儿把 $\sqrt{-1}$ 叫作"虚数"，意思是"虚假的数"、"想象当中的，并不存在的数"。他把人们熟悉的有理数和无理数叫作"实数"，意思是"实际存在的数"。

数学家对虚数是什么样的数，一直感到神秘莫测。笛卡儿认为，

虚数是"不可思议的"。大数学家莱布尼兹一直到18世纪还以为"虚数是神灵美妙与惊奇的避难所，它几乎是又存在又不存在的两栖物"。

随着数学研究的进展，数学家发现像$\sqrt{-1}$这样的虚数非常有用，后来把形如$2+3\sqrt{-1}$，$6-5\sqrt{-1}$等$a+b\sqrt{-1}$记为$a+bi$，其中$a，b$为实数，这样的数叫作复数。

当$b=0$时，就是实数；

当$b\neq0$时，叫作虚数；

当$a=0$，$b\neq0$时，叫作纯虚数。

虚数作为复数的一部分，也是客观存在的一种数，并不是虚无缥缈的。由于引进了虚数单位$\sqrt{-1}=i$，数学家开阔了视野，解决了许多数学问题。如负数在复数范围内可以开偶次方，因此在复数内加、减、乘、除、乘方、开方六种运算总是可行的；在实数范围内一元n次方程不一定总是有根的，比如$x^2+1=0$在实数范围内就无根。但是在复数范围内一元n次方程总有n个根。复数的建立不仅解决了代数方面的问题，也为其他学科和工程技术解决了许多问题。

自然数、整数、有理数、实数、复数，人类认识的数，在不断地向外膨胀。

随着数概念的扩大，数增添了许多新的性质，但是也减少了某些性质。比如在实数范围内，数之间是可以比较大小的，可是在复数范围内，数之间已经不能比较大小了。

所谓能比较大小，就是对于规定的"＞"关系能满足下面四个条件：

（1）对于任意两个不同的实数 a 和 b，或 $a>b$，或 $b>a$，两者不能同时成立。

（2）若 $a>b$，$b>c$，则 $a>c$。

（3）若 $a>b$，则 $a+c>b+c$。

（4）若 $a>b$，$c>0$，则 $ac>bc$。

对于实数范围内的数，"$>$"关系是满足这四个条件的。但对于复数范围内，数之间是否能规定一种"$>$"关系来满足上述四个条件呢？答案是不能的，也就是说复数不能比较大小。

为了证明这个结论，我们需要交待复数运算的部分内容，证明中要用到它：

（1）$\sqrt{-1} \cdot \sqrt{-1}=-1$，$\sqrt{-1} \cdot 0=0$，

$(-\sqrt{-1}) \cdot 0=0$，

$(-\sqrt{-1}) \cdot (-\sqrt{-1})=-1$，

$\sqrt{-1}+(-\sqrt{-1})=0$，

$0+(-\sqrt{-1})=-\sqrt{-1}.$

（2）复数中的实数仍按实数的运算法则进行运算。

现在用反证法证明复数不能比较大小。假设我们找到了一种"$>$"关系（注意，"$>$"关系不一定是实数中规定的含义）来满足上述四个条件。当然对于 $\sqrt{-1}$ 与 0 应具有条件（1）：

$$\sqrt{-1}>0 \text{ 或 } 0>\sqrt{-1}.$$

先证明$\sqrt{-1}>0$不可能。

$\sqrt{-1}>0$的两边同乘$\sqrt{-1}$,由条件(4)得:

$$\sqrt{-1}\cdot\sqrt{-1}>\sqrt{-1}\cdot0,$$

$$-1>0.$$

(注意,由于">"不一定是实数中规定的含义,故未导出矛盾。)

$-1>0$的两边同加1,由条件(3)得

$$-1+1>0+1,$$

$$0>1.$$

$-1>0$的两边同乘-1,由条件(4)得

$$(-1)\cdot(-1)>(-1)\cdot0,$$

$$1>0.$$

于是得到$0>1$,而且$1>0$,也就是0与1无法满足条件(1),这与假设形成矛盾,所以$\sqrt{-1}>0$是不可能的。

其次证明$0>\sqrt{-1}$不可能。

$0>\sqrt{-1}$的两边同加$-\sqrt{-1}$,由条件(3)得

$$0+(-\sqrt{-1})>\sqrt{-1}+(-\sqrt{-1}),$$

$$-\sqrt{-1}>0.$$

$-\sqrt{-1}>0$的两边同乘$-\sqrt{-1}$,由条件(4)得

$$(-\sqrt{-1})\cdot(-\sqrt{-1})>(-\sqrt{-1})\cdot0,$$

$$-1>0.$$

以下可依第一种情况证明,导出矛盾。所以$0>\sqrt{-1}$

不可能。

以上证明了从复数中取出两个数 $\sqrt{-1}$ 与 0 是无法比较大小的，从而证明了复数没有大小关系。

复数无大小，听来新鲜，确是事实！

代数之父

提起韦达定理，凡是学过二次方程的人没有不知道的。韦达定理又称为"根与系数的关系"。

韦达是 16 世纪末的法国数学家，由于他在发展现代的符号代数上起了决定性作用，后世称他为"代数之父"。

韦达是利用业余时间研究数学的，他本职是律师，还是一位国务活动家。当时法国和西班牙正进行战争，西班牙军队使用非常复杂的密码进行通信联系，他们甚至用这种密码和法国国内的特务联系。尽管法国截获了一些秘密信件，但由于信上的密码无法破译，无法了解其中的内容。

法国国王亨利四世请韦达帮助破译密码，韦达欣然同意。经过紧张的工作，他终于揭开了秘密。韦达这一爱国行动激怒了西班牙的统治者，西班牙宗教裁判所宣布韦达背叛了上帝，判处他烧死的极刑。当然，西班牙宗教裁判所的这个野蛮裁决并没有实现。

韦达把所有的空闲时间都用在研究数学上，有时为解决一个问题，一连几天不睡觉。1591 年，他的数学专著《分析方法入门》出版了。韦达不但使用字母表示未知数，还使用字母表示方程中的系数，使方程得到现代的形式。韦达发现了根与系数的关系，发展了二、三、四次方程的统一方法以及根的各种变换。

韦达常使用代换法来解方程。下面介绍韦达用代换法解二次方程 $x^2+px+q=0$。

韦达首先引入代换 $x=y+z$。代入方程

得 　　　　$(y+z)^2+p(y+z)+q=0$，

整理，得

$$y^2+(2z+p)y+z^2+pz+q=0. \qquad (1)$$

由于 z 是任意的，可以取 $z=-\dfrac{p}{2}$，此时有

$$2z+p=0,$$

$$z^2+pz+q=\frac{p^2}{4}-\frac{p^2}{2}+q=q-\frac{p^2}{4}.$$

方程（1）化成

$$y^2+q-\frac{p^2}{4}=0.$$

$$y^2=\frac{p^2}{4}-q,$$

$$y = \pm \sqrt{\frac{p^2}{4} - q},$$

$$x = y + z = -\frac{p}{2} \pm \sqrt{\frac{p^2}{4} - q}.$$

如果此时令 $x_1 = -\dfrac{p}{2} + \sqrt{\dfrac{p^2}{4} - q}$,

$$x_2 = -\frac{p}{2} - \sqrt{\frac{p^2}{4} - q},$$

则　　　　　　$x_1 + x_2 = -p,$

$$x_1 \cdot x_2 = q.$$

这就得出了韦达定理的表达式。

应该指出的是，由于韦达只承认方程有正根，他不可能完全认识方程的全部解，因此也不可能像上面那样给出方程的根与系数的表达式。他只接近了方程的根与系数关系的思想。尽管如此，后世还是把根与系数的关系叫作韦达定理。

┃ 奇妙的数字三角形

17 世纪的法国数学家、物理学家、文学家帕斯卡被誉为具有"火山般的天才"。

帕斯卡三岁时母亲去世了，由于从小缺少应有的照顾，帕斯卡体弱多病。他在回忆自己的童年生活时说："从十岁起，我每日在苦痛之中。"不幸和病魔并没有压倒帕斯卡，他满腔热情地投身于科学事业。

帕斯卡 13 岁时，有一天他信手在纸上横着、竖着各写了十个 1。然后在第二行第二列的地方写上一个 2，这个 2 是它上面的 1 和左边的 1 的和，1＋1＝2；第二行第三列  的地方写上一个 3，这个 3 是它上面的 1 和左边的 2 的和，1＋2＝3；他就用上面的数和左边的数相加的方法，填出一个斜放着的等腰直角三角形。

$$
\begin{array}{llllllllll}
1 & 1 & 1 & 1 & 1 & 1 & 1 & 1 & 1 & 1 \\
1 & 2 & 3 & 4 & 5 & 6 & 7 & 8 & 9 \\
1 & 3 & 6 & 10 & 15 & 21 & 28 & 36 \\
1 & 4 & 10 & 20 & 35 & 56 & 84 \\
1 & 5 & 15 & 35 & 70 & 126 \\
1 & 6 & 21 & 56 & 126 \\
1 & 7 & 28 & 84 \\
1 & 8 & 36 \\
1 & 9 \\
1
\end{array}
$$

帕斯卡把这个三角形向右旋转 45°，进一步发现从第三行开始，中间的每一个数都等于它肩上两个数之和。这些数字的排法好面熟啊！像在哪儿见过。

$$1$$
$$1 \quad 1$$
$$1 \quad 2 \quad 1$$
$$1 \quad 3 \quad 3 \quad 1$$
$$1 \quad 4 \quad 6 \quad 4 \quad 1$$
$$1 \quad 5 \quad 10 \quad 10 \quad 5 \quad 1$$
$$1 \quad 6 \quad 15 \quad 20 \quad 15 \quad 6 \quad 1$$
$$1 \quad 7 \quad 21 \quad 35 \quad 35 \quad 21 \quad 7 \quad 1$$
$$1 \quad 8 \quad 28 \quad 56 \quad 70 \quad 56 \quad 28 \quad 8 \quad 1$$
$$1 \quad 9 \quad 36 \quad 84 \quad 126 \quad 126 \quad 84 \quad 36 \quad 9 \quad 1$$

帕斯卡反复回忆，啊！想起来了，他在纸上写出一串等式：

$(a+b)^2 = a^2 + 2ab + b^2$，

$(a+b)^3 = a^3 + 3a^2b + 3ab^2 + b^3$，

$(a+b)^4 = a^4 + 4a^3b + 6a^2b^2 + 4ab^3 + b^4$，

$(a+b)^5 = a^5 + 5a^4b + 10a^3b^2 + 10a^2b^3 + 5ab^4 + b^5$.

这里每一个二项式展开式的系数，不正好是这个三角形一行的数吗？不用问，这最下面的一行数必定是 $(a+b)^9$ 展开式各项的系数。

有了这个三角形，写以自然数为指数的二项式展开式就方便多了。比如求 $(a+b)^6$ 的展开式，只要从三角形的顶尖往下数到第七行，就得到各项的系数，a 的指数从 6 开始降幂排列；b 的指数从 1 开始升幂排列，可以写出：

$(a+b)^6 = a^6 + 6a^5b + 15a^4b^2 + 20a^3b^3 + 15a^2b^4 +$

$6ab^5+b^6.$

后来人们就把这个三角形叫作"帕斯卡三角形"。这个三角形给出了二项式展开式系数的规律，对研究二项式非常有用。

其实，这个三角形并不是帕斯卡最早发现的，早在帕斯卡前五六百年，11 世纪我国北宋数学家贾宪曾给出类似的三角形。

贾宪曾在北宋朝廷里做过左班殿直（低级武官）。他对数学颇有研究，著有三本数学书，《算法敩（xiào）古集》《黄帝九章细草》和《释锁》，可惜都已失传。贾宪对数学最重要的贡献是建立了一种开高次方的新方法——"增乘开方法"。用这种方法可以开三次或三次以上的任意次方。

贾宪解方程时，反复遇到二数和的任意次方的展开问题。他发现了展开式中系数的规律，并造了一张数表，叫作"开方作法本源"，包括相当于 0 次到 6 次的二项式展开式的全部系数。

由于贾宪的著作都已失传，因此贾宪所作"开方作法本源"载于南宋数学家

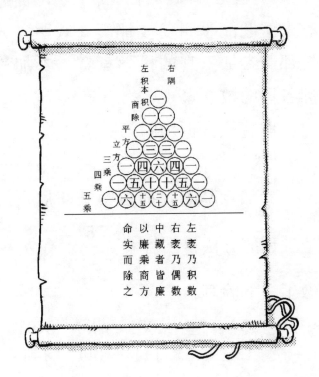

杨辉所撰的《详解九章算法》一书中。杨辉部分数学著作被收入明初编写的巨篇《永乐大典》中。清末，英国侵略者把《永乐大典》掠夺去许多册，其中恰好包括有"开方作法本源"图的那一册，此书现藏于剑桥大学图书馆，我国国内已没有了。

从制作此图时间的早晚来看，此三角形应叫"贾宪三角形"更合适。比帕斯卡早的还有中亚数学家阿尔·卡西，他于 1427 年发表类似三角形。16 世纪德国的阿皮亚纳斯也曾造出此三角形。

┃《算盘书》和兔子问题

13 世纪，欧洲普鲁士王国的腓特烈二世，听说意大利有个解题能手叫斐波那契，聪明过人。腓特烈二世邀请斐波那契参加王宫的科学竞赛。参加科学竞赛的还有来自欧洲各国的数学家。

腓特烈二世出的第一道题是：

"求一个数 x，使 x^2+5 与 x^2-5 都是平方数。"

参加竞赛的人都在紧皱双眉冥思苦想，而斐波那契用他独创的方法得出答案 $3\frac{5}{12}$。有人不相信他能算得这样快，做了一下验算：

$$(3\frac{5}{12})^2+5=\frac{1681}{144}+\frac{720}{144}=\frac{2401}{144}=(\frac{49}{12})^2;$$

$$(3\frac{5}{12})^2-5=\frac{1681}{144}-\frac{720}{144}=\frac{961}{144}=(\frac{31}{12})^2.$$

完全正确！

用代数的方法，设

$$x^2+5=t_1^2, \quad x^2-5=t_2^2,$$

得 $\qquad t_1^2-t_2^2=10.$

即 $\qquad (t_1-t_2)(t_1+t_2)=10.$

令 $t_1-t_2=t$，则 $t_1+t_2=\frac{10}{t}$，

于是得 $\quad t_1=\frac{1}{2}(t+\frac{10}{t}).$

$\therefore \qquad x^2=\frac{1}{4}(t+\frac{10}{t})^2-5=\frac{1}{4}(t^2+\frac{100}{t^2}).$

令 $t=\frac{3}{2}$，就得 $x=3\frac{5}{12}.$

腓特烈二世又出了一道题：

"有一笔款，甲、乙、丙三人各占 $\frac{1}{2}$，$\frac{1}{3}$，$\frac{1}{6}$。现各从中取款若干，直到取完为止。然后，三人分别放回自己所取款的 $\frac{1}{2}$，$\frac{1}{3}$，$\frac{1}{6}$，再将放回的钱平均分给三人，这时各人所得恰好是他们应有的。问原有钱多少？第一次各取多少？"

这道题本身就挺绕人，有人听了三遍题还没把题目的意思弄懂。可是斐波那契已经把答数交给腓特烈二世了。

答案是：总数是 47 元，第一次甲取 33 元，乙取 13 元，丙取 1 元。

这个问题可以用方程组来解。

设原有钱 x 元，第一次甲取 u 元，乙取 v 元，丙取 w 元，可得

$$u+v+w=x,$$

$$\begin{cases} (\dfrac{u}{2}+\dfrac{v}{3}+\dfrac{w}{6}) \cdot \dfrac{1}{3}+\dfrac{u}{2}=\dfrac{x}{2}, \\[2mm] (\dfrac{u}{2}+\dfrac{v}{3}+\dfrac{w}{6}) \cdot \dfrac{1}{3}+\dfrac{2v}{3}=\dfrac{x}{3}, \\[2mm] (\dfrac{u}{2}+\dfrac{v}{3}+\dfrac{w}{6}) \cdot \dfrac{1}{3}+\dfrac{5w}{6}=\dfrac{x}{6}. \end{cases}$$

解这个方程组可得以上答数。

通过这次竞赛，斐波那契名声大震。有人评论说，斐波那契的水平显得比他实际水平高，这是因为没有与他匹敌的同时代人。

斐波那契生于意大利的比萨，父亲是商人。他早年跟随父亲到北非，后又到埃及、叙利亚、希腊、西西里岛和法国游历。他每到一国，都注意该国数学的发展情况。通过比较各国使用的算术，他认为阿拉伯数字和算法最先进。斐波那契返回意大利之后，于 1202 年写成一部数学专著，起名叫《算盘书》。这本书被欧洲各国选作数学教材，使用达 200 年之久，在欧洲有巨大的影响。

《算盘书》全书分 15 章。前 7 章为十进制的整数及分数的计算问题；第 8～11 章有适合商业计算的比例、利息

和级数求和问题；第 12～13 章是求一次方程的整数解问题；第 14 章是求平方根与立方根的法则；第 15 章是几何度量和代数。《算盘书》内容丰富，方法先进，向欧洲普及了阿拉伯数字，推动了欧洲数学的发展。

《算盘书》中有一道非常出名又十分有趣的题目——"兔子问题"。

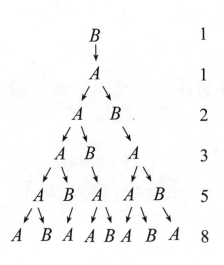

有人想知道一年内一对兔子可繁殖成多少对，便筑了一道围墙将一对兔子关在里面。已知一对兔子每一个月可以生一对小兔，而一对小兔子生下后第二个月就又开始生小兔。假如一年内没有死亡，一对兔子一年内可繁殖成几对？

如果用 A 表示一对成年的大兔，用 B 表示一对未成年的小兔。它们的增长规律是：

从上面这个表可以看出，开始是 1 对小兔，一个月后变成 1 对大兔，两个月后变成 2 对兔子，三个月后变成 3 对兔子，四个月后变成 5 对兔子，五个月后变成 8 对兔子……有什么规律没有？我们可以多写出几项来观察，

1，1，2，3，5，8，13，21，34，…（1）

不难发现，从第三项开始，每后一项都等于相邻的前两项之和，如 $2=1+1$，$3=2+1$，$5=3+2$，…19 世纪，法国数学家敏聂给出了表示上面一串数（1）的一般公式：

$$F_n = \frac{1}{\sqrt{5}} \left[(\frac{1+\sqrt{5}}{2})^n - (\frac{1-\sqrt{5}}{2})^n \right].$$

其中 $\frac{1+\sqrt{5}}{2}$ 与 $\frac{1-\sqrt{5}}{2}$ 是方程 $x^2-x-1=0$ 的两个根。数列（1）叫作"斐波那契数列"。

"斐波那契数列"有许多奇妙的性质，在物理学和生物学上有着广泛的应用。数学家泽林斯基在一次国际数学会议上提出树木生长问题：如果一棵树苗在一年以后长出两条新枝，然后休息一年。在下一年又长出一条新枝，并且每一条树枝都按照这个规律长出新枝（如下图）。这样，第一年只有主干，第二年有 2 枝，第三年有 3 枝，接下去是 5

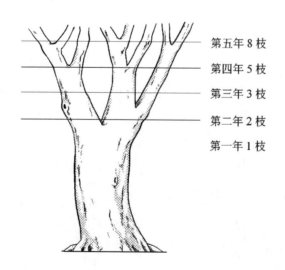

第五年 8 枝
第四年 5 枝
第三年 3 枝
第二年 2 枝
第一年 1 枝

枝、8 枝、13 枝等。把这些枝数排起来，恰好是 "斐波那契数列"。生物学中所谓的 "鲁德维格定律"，实际就是 "斐波那契数列" 在植物学中的应用。

├ 他延长了天文学家的生命

"给我空间、时间和对数，我可以创造一个宇宙。" 这是 16 世纪意大利著名学者伽利略的一段话。从这段话中可以看出，伽利略把对数与最宝贵的空间和时间相提并论。

对数的发展绝非一人的功劳，首先要提到的是 16 世纪瑞士钟表匠标尔基。这个人心灵手巧，他不但精通钟表修理，还会修理天文仪器。后来标尔基被任命为布拉格的宫廷钟表师。在布拉格期间，标尔基结识了天文学家开普勒，他看到开普勒每天与天文数字打交道，数字之大、计算量之繁重常使开普勒头痛。标尔基就产生了简化计算的思想。

造对数表的主要困难在于取什么数作底数。比如在 $y = \log_a x$ 中取 $a = 10$，问 $y = 0.0001$ 时，x 等于多少？

由 $0.0001 = \log_{10} x$ 可得 $x = 10^{0.0001} = 10^{\frac{1}{10000}} = \sqrt[10000]{10}$。这里需要计算 10 开一万次方，这个工作量太大了。

把底取大点好吗？比如取 $a = 10^{10000}$，这样可以解决开一万次方的矛盾，但是新问题又出现了，先来算几个数，对于 $y = \log_a x$ 来说：

当 $y = 0.0001$ 时，$x = (10^{10000})^{0.0001} = 10^1 = 10$；

当 $y = 0.0002$ 时，$x = (10^{10000})^{0.0002} = 10^2 = 100$；

当 $y=0.0003$ 时，$x=(10^{10000})^{0.0003}=10^3=1000$；

……

当 $y=0.99$ 时，$x=(10^{10000})^{0.99}=10^{9900}$.

对数每增加万分之一，真数就增加十倍。真数变化太快。这种表真数变化太快，不好用。

经过反复演算，标尔基取了这样的底 a，

$$a=1.0001^{10000}=(1+\frac{1}{10000})^{10000}.$$

取这样的底可以使对数和真数变化的速度差不多。

从 1603 年到 1611 年，标尔基前后用了 8 年时间，硬是一个数一个数算，造出了一个对数表。标尔基造出的对数表帮了开普勒的大忙。开普勒深刻了解对数表的实用价值，劝标尔基赶快把对数表出版。标尔基自己嫌这个对数表还过于粗糙，一直没下决心出版。

正在标尔基犹豫不定的时候，1614 年 6 月在爱丁堡出版了苏格兰纳皮尔男爵所造的题为"奇妙的对数表的说明"一书。在这本书中，纳皮尔取底为 $a=1.0000001^{10^7}$。这个对数表的出版震动了数学界。许多人对这个表感兴趣。

"对数"（logarithm）一词是纳皮尔首先创造的，意思是"比数"。最早他用"人造的数"来表示对数。

俄国著名诗人莱蒙托夫是位数学爱好者。传说有一次他

解算一道数学题，冥思苦想也没能解决。睡觉时他做了个梦，梦见一位老人提示他应该如何去解这道题，醒后他真的把这道题解出来了。莱蒙托夫把梦中老人的像画了出来，大家一看，竟是数学家纳皮尔。这个传说告诉我们，纳皮尔在人们心目中的地位是很高的。

1616 年，英国牛津大学数学天文学教授布里格斯拜访纳皮尔，首先向这位伟大的对数发现者表示敬意，而后向他提了个建议：为了实用方便，可否把对数的底由 1.0000001^{10^7} 改为 10？因为以 10 为底在数值计算上具有优越性。纳皮尔也早有这个想法，双方同意合作造以 10 为底的对数表。不幸的是，第二年纳皮尔就去世了。

纳皮尔的死没有动摇布里格斯造新对数表的决心。他与荷兰数学家和出版者弗拉寇合作，用十年时间造出了以 10 为底的 14 位的对数表，这就是于 1624 年发表的《对数算术》。布里格斯先造出了从 1 到 20000 和从 90000 到 100000 的对数表。后来又在弗拉寇的帮助下补上了从 20000 到 90000 的对数表。

布里格斯造表的工作量是非常大的，下面以他计算 lg5 为例，看看他的计算过程：布里格斯是把真数的几何平均数与对数的算术平均数相对应进行计算的：

真数 对数

$A=1$， $a=0.0000$（原为 14 位），

$B=10$， $b=1.0000$，

$C=\sqrt{AB}=3.1623$， $c=\dfrac{a+b}{2}=0.5000$，

$D=\sqrt{BC}=5.6234$， $d=\dfrac{b+c}{2}=0.7500$，

$R=\sqrt{CD}=4.2170$， $r=\dfrac{c+d}{2}=0.6250$，

………

如此下去，一共进行了 22 次开方，求出真数约为 5.000，相应的对数是 0.6990，即 lg5＝0.6990。

布里格斯的对数表是我们现在用的四位常用对数表的先驱。

最后应提到两点，最早研究对数的标尔基，直到 1620 年才发表自己的对数表，比纳皮尔晚了六年；现在教科书上都是指数在前，对数在后，而实际上是对数的发现早于指数的应用，这是数学史上的反常情况之一。

对数的出现使学术界，特别是天文学界简直沸腾起来了。法国著名数学家和天文学家拉普拉斯说："对数的算法，不仅免除大数计算时不易避免的错误，并且数月的工作可用数天完成，无异延长了天文学家的生命。"

├ 躺在床上思考的数学家

笛卡儿是 17 世纪法国哲学家、数学家、物理学家、生理学家。笛卡儿从小丧母，深得父亲的疼爱。他身体不好，父亲与学校商量，每天叫笛卡儿多睡会儿。后来笛卡儿养成了早上躺在床上沉思的习惯。据说笛卡儿许多发现都是早上在床上思考而得的。

数学是一门抽象的科学。方程、函数等都是比较抽象的概念。如果能把数学也搞得比较直观、形象该多好！笛卡儿为这件事动起了脑筋。笛卡儿想：几何图形是直观的，而代数方程则比较抽象。能不能用几何图形来表示方程呢？关键是如何把组成几何图形的"点"与满足方程的每一组有序实"数"挂上钩，要在方程和几何之间架设一座桥梁。

传说有一次笛卡儿生病卧床，这是他思考问题的好时机。身体有病，头脑可不能闲着。笛卡儿反复琢磨通过一种什么办法，能够把点和数挂起钩来。突然，他看见屋顶上的一只蜘蛛拉着丝垂了下来。一会儿，蜘蛛又顺着丝爬了上去，在屋顶上左右爬行。

笛卡儿看到蜘蛛的"表演"，灵机一动，他想，可以把蜘蛛看作为一个点，它在屋子里可以上、下、左、右运动，能不能用一组有序实数把蜘蛛的位置确定下来？他又想，屋子里相邻的两面墙与地面交出了三条线。如果把地面上的墙角作为计算起点，把交出来的三条线作为三根数轴，那么空间中任一点的位置不是可以用在这三根数轴找到的三个有顺序的数来表示了吗？比如图中的 P 点，它用（3，$2\frac{1}{2}$，2）来表示，（3，$2\frac{1}{2}$，2）叫作 P 点的坐标。反过来，任意给一组三个有顺序的数，也可以用空间中的一个点来表示它们。

在蜘蛛爬行的启示下，笛卡儿创建了坐标系。坐标系如同架设在代数和几何之间的一座桥梁。在坐标系下，几何图形和方程建立了联系，可以把几何图形通过坐标系转化成代数方程来研

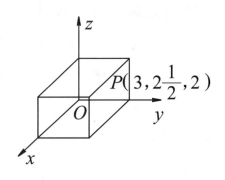

究，也可以画出方程的图形来研究方程的性质。笛卡儿还创造了用代数方法来研究几何图形的数学分支——解析几何。

应该说明的是：笛卡儿最初开始创造的并不是直角坐标系，而是很不完备的斜坐标系。1637 年，笛卡儿匿名出版了他的划时代著作，《更好地指导推理和寻求科学真理的方法》。为什么要匿名出版呢？因为笛卡儿的哲学主张遭到反动教会的反对，意大利著名学者伽利略刚刚被宗教法庭审判，因此，笛卡儿不敢用真名发表。即使这样，1647 年宗教法庭还是判处笛卡儿有罪，将笛卡儿的著作交宗教法庭烧毁！

　　笛卡儿这本书有三个附录，即《折光》《陨星》《几何学》。笛卡儿是在附录《几何学》中首先引入了坐标系的。他在一根给定的轴上标出 x，在与该轴成固定角的线上标出 y，并且作出其 x 值和 y 值满足给定关系的点。

　　笛卡儿并不是专门研究数学的。他研究哲学，还从事文学创作。多方面的兴趣、细心的观察、深入的思考，使他在数学方面创造了许多重要的方法。笛卡儿写道："虽说我从小就喜欢把空闲的时间用在解决数学问题上，但是这都是些小事情。在这些小事情当中，可能我发现了比普通数学更精确的地方。我不局限于研究代数和几何，使我能献身于多方面的数学研究。在细心思考时，我发现一切科学，所有跟顺序和度量有关的知识都属于数学，它们总要表现在数、图形、星座和声调里。"笛卡儿坐标系的建立，解析几何的创立，对数学的发展有着重大意义，是数学发展的一个重要转折点。

真函数与假函数

　　"函数"这个词被用作数学的术语，最早的是德国数学家莱布尼兹。他于 1692 年第一次用这个词。最初莱布尼兹用函数一词表示幂，比如 x，x^2，x^3 都叫函数；后来，他又用函数一词表示在直角坐标系中曲线上一点的横坐标、纵坐标等。

把函数理解为幂的同义词，可以看成是函数的代数起源；用函数表示与几何有关的量，可以看作函数的几何起源。

进入 18 世纪，数学家将函数概念进行了扩展：

1718 年，瑞士数学家贝努利把函数定义为："由某个变量及任意的一些常数结合而成的数量。"意思是凡变量 x 与常量所构成的式子都叫作 x 的函数。贝努利已不再强调幂的形式了，凡是用公式表达的都叫作函数，如 x^3+2x+1，$\sin x$，$\cos x$，e^x+1 都是函数。

后来数学家觉得不应该把函数概念局限于只能用公式来表示。只要一些变量变化，另一些变量能随之而变化就可以，至于这两类变量的关系是否要用公式来表示，不作为判别函数的标准。

1775 年，瑞士数学家欧拉把函数定义为："如果某些变量，以某一种方式依赖于另一些变量，即当后面这些变量变化时，前面这些变量也随着变化，我们就把前面的变量称为后面变量的函数。"在欧拉定义中，就不强调函数要用公式表示了。

由于函数不一定要用公式来表达，欧拉曾把画在坐标系中的曲线也叫"函数"。如下页图，只要把曲线上点 P_0 的横坐标 x_0 确定，通过曲线就可以把点 P_0 的纵坐标 y_0 确定。当曲线上点 P 的横坐标 x 变化时，点 P 的纵坐标 y 也随之而变化。实际上，欧拉这里讲的是函数的图像表示法。

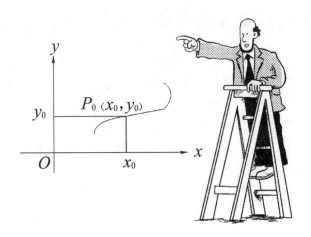

有的数学家对于不用公式来表示函数感到很不习惯，有的数学家甚至对此还抱怀疑态度。因此，数学家曾把能用公式表示的函数叫"真函数"，把不能用公式表示的函数叫"假函数"。

现行中学课本上的函数定义是谁提出来的呢？最先提出类似定义的是法国数学家柯西。柯西于 1821 年提出如下定义："在某些变量间存在着一定的关系，当一经给定其中某一变量的值，其他变量的值可随着而确定时，则将最初的变量叫作自变量，其他各变量叫作函数。"在柯西的定义中出现了"自变量"一词。

与柯西同时期的德国数学家黎曼也提出过类似的定义："对于 x 的每一个 x 值，y 总有完全确定的值与它对应，而不拘建立 x、y 之间的对应方法如何，把 y 叫作 x 的函数。"

从用公式表示的才叫函数，扩充到现在用公式法、图像法、列表法等表示的都叫作函数，经历了一段很长的认识过程。19 世纪 70 年代，德国数学家康托尔提出了集合论，函数便明确地定义为集合间的对应关系，使得函数这个概念更准确，应用范围更广泛。

汉语中的"函数"是个意译词，就像"收音机""自行车"一样，是把外文的词按意思转译过来的。它是我国清代数学家李善兰在译著《代微积拾级》中首先使用的。中国古代"函"字与"含"字通用，都有着"包含"的意思。李善兰的定义是："凡式中含天，为天之函数。"中国古代用天、地、人、物四个字来表示四个不同的未知数或变量。这个定义的含意是"凡是公式中含有变量 x，则该式子叫作 x 的函数"。所以"函数"是指公式里含有变量的意思。它比现在中学所学的函数定义要狭窄一些。

├ 由瓦里斯问题引起的推想

17 世纪英国著名数学家瓦里斯自学成才，被人们称赞为"当时最有能力、最有创造力的人"。他在牛津大学当了54 年数学教授。他著的《无穷的算术》一书对数学发展影响很大。

瓦里斯曾提出一个问题：如何证明周长相同的矩形中正方形面积最大？这是 300 多年前的一个求极大值的问题。

证明瓦里斯问题的方法很多，下面用二次函数来证明：

设矩形的周长为 $2p$，长为 x，则宽就是 $p-x$。

矩形的面积　　$S=x \cdot (p-x)$

$$=-x^2+px.$$

这是一个二次函数。

对于二次函数 $y=ax^2+bx+c$ 来说，当 $a>0$ 时，y 有极小值；当 $a<0$ 时，y 有极大值。

∵ $S=-x^2+px$，$a=-1<0$，

∴ S 有极大值．

对上面二次函数进行配方：

$$S=-\left(x^2-px+\frac{p^2}{4}\right)+\frac{p^2}{4}$$

$$=-\left(x-\frac{p}{2}\right)^2+\frac{p^2}{4}.$$

当 $x=\dfrac{p}{2}$ 时，S 有最大值 $\dfrac{p^2}{4}$，且当 $x=\dfrac{p}{2}$ 时，$p-x=\dfrac{p}{2}$，说明周长为 $2p$ 的矩形中，正方形的面积最大。

同样利用二次函数做工具，可以把瓦里斯问题层层引申，解决许多有趣的极值问题。

问题 1：用一定长的篱笆，靠墙围成一个矩形，问怎样围法才能使围的面积最大？

设篱笆总长为 L，如图设一边为 x，另一边为 $L-2x$，所围矩形面积为 S.

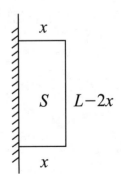

$$S=x(L-2x)$$

$$=-2x^2+Lx.$$

由二次项系数为 -2，所以该函数有极

大值。使用配方法，得：

$$S = -2\left(x^2 - \frac{L}{2}x + \frac{L^2}{16}\right) + \frac{L^2}{8}$$

$$= -2\left(x - \frac{L}{4}\right)^2 + \frac{L^2}{8}.$$

当 $x = \frac{L}{4}$ 时，S 的最大值为 $\frac{L^2}{8}$，此时另一边为 $L -$

$2 \cdot \frac{L}{4} = \frac{L}{2}$。

问题 2：在一个锐角三角形中作一个内接矩形。问何种做法能使内接矩形的面积最大？

设 $\triangle MNP$ 的底边 $MP = a$，高 $NR = h$。又设内接矩形 $ABCD$ 的一边 $AD = x$.

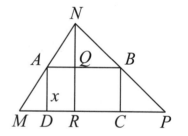

∵　　$\triangle ABN \backsim \triangle MNP$，

∴　　$\dfrac{AB}{MP} = \dfrac{NQ}{NR}$，$\dfrac{AB}{a} = \dfrac{h-x}{h}$，

$$AB = \frac{(h-x)\,a}{h}.$$

设内接矩形 $ABCD$ 的面积为 S.

$S = AD \times AB$

$$= \frac{a}{h}(h-x) \cdot x = -\frac{a}{h}(x^2 - hx)$$

$$= -\frac{a}{h}\left(x^2 - hx + \frac{h^2}{4}\right) + \frac{ah}{4}$$

$$= -\frac{a}{h} (x - \frac{h}{2})^2 + \frac{ah}{4}.$$

当 $x = \frac{h}{2}$ 时，S 有最大值 $\frac{ah}{4}$.

这个结果说明，当把垂直于底边的矩形一边取作三角形高的一半时，内接矩形有最大面积。最大面积恰好等于三角形面积的一半。

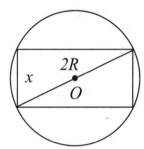

问题 3：在半径为 R 的圆内作一个内接矩形。问怎样作法才能使内接矩形的面积最大？

设圆内接矩形的一边为 x，由勾股定理可得矩形的另一边为 $\sqrt{4R^2 - x^2}$。

设内接矩形的面积为 S.

$$S = x\sqrt{4R^2 - x^2}.$$

从表面上看，这不是一个关于 x 的二次函数，但是可以把它化成二次函数。

将上式两边同时平方，得

$$S^2 = x^2 (4R^2 - x^2) = -x^4 + 4R^2 x^2.$$

若 S^2 有最大值，S 必有最大值，而且在相同的 x 值处取得最大值（注意，此处 $S > 0$ 才有此结论，否则无此结论）。因此，只需要求 S^2 的最大值就可以了。

$$S^2 = -x^4 + 4R^2 x^2,$$

令 $y = x^2$，

则 $S^2 = -y^2 + 4R^2 y = -(y-2R^2)^2 + 4R^4$.

当 $y=2R^2$ 时，S^2 有最大值 $4R^4$。

由 $y=x^2$ 可得 $x=\sqrt{2}R$，此时 $S=2R^2$，另一边是 $\sqrt{4R^2-x^2} = \sqrt{4R^2-2R^2}=\sqrt{2}R$.

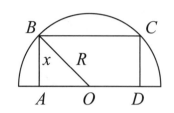

这说明，当圆的内接矩形为一正方形时面积最大，等于 $2R^2$。

问题 4：在半径为 R 的半圆中，作一个内接矩形。问何种做法能使内接矩形的面积最大？

设内接矩形的一边为 x，连接 OB，由勾股定理可得 $AO=\sqrt{R^2-x^2}$，所以另一边 $AD=2AO=2\sqrt{R^2-x^2}$.

设内接矩形面积为 S.

$$S=2x\sqrt{R^2-x^2}.$$

两边同时平方，可得

$$S^2=4x^2(R^2-x^2)$$

$$=-4(x^2-\frac{R^2}{2})^2+R^4.$$

当 $x^2=\dfrac{R^2}{2}$，即 $x=\dfrac{\sqrt{2}}{2}R$ 时，S 有最大值 R^2。此时矩形的另一边 $AD=2\sqrt{R^2-\dfrac{R^2}{2}}=\sqrt{2R}$，恰好是 AB 的两倍。

这说明，当平行于直径的一边是另一边的两倍时，内接矩形的面积最大。

├─ 神奇的普林顿 322 号

被挖掘出来的古代巴比伦人制作的泥板已经超过 50 万块，其中纯数学泥板约有 300 块。在已经分析过的巴比伦数学泥板中，最引人注意的也许是普林顿 322 号。它是哥伦比亚大学普林顿收集馆的第 322

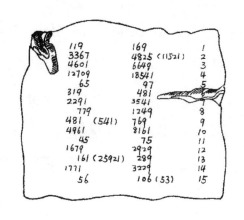

号收藏品。该泥板是用古代巴比伦字体写的，时间为公元前 1900 年到前 1600 年。

该泥板左边掉了一块，右边靠中间有一个很深的缺口，左上角也剥落了一片。通过验查，发现泥板左边破处有现代胶水的结晶。这表明，这块泥板在挖掘时大概是完整的，后来破了。科学工作者曾试着用胶水把它们粘在一起，以后又分开了。碎片也许还在，如果能把这块碎片找到，一定会引起人们很大的兴趣。

普林顿 322 号包括基本上完整的三列数字。为了方便，我们用阿拉伯数字改写了。显然，靠右边的那一列只不过是用来表示行数的。另外两列，乍一看，好像杂乱无章。但是认真研究之后会发现：两列中的对应数字（除了四个例外）恰好构成边长为整数的直角三角形的斜边和一条直角边。那四个例外，图中把正确的数字写在右边的括号里。

我们都知道，像 3，4，5 这样一组能作为一个直角三角形三条边的正整数叫作勾股数，或称毕氏三数（毕达哥拉斯三数）。如果这一组数中，除了 1 以外没有其他公因子，就称为素毕氏三数。比如 3，4，5 是素毕氏三数，而 6，8，10 就不是素毕氏三数。数学家已经证明：所有的毕氏三数 a，b，c 能用下列公式表达

$$a=2uv, \quad b=u^2-v^2, \quad c=u^2+v^2.$$

其中 u 和 v 互质，奇偶性不同，并且 $u>v$。例如 $u=2$，$v=1$ 则满足互质、u 偶数、v 奇数及 $u>v$ 的条件。将它们代入公式，得：

$a=2\times2\times1=4$，$b=2^2-1^2=3$，

$c=2^2+1^2=5$，即 3，4，5 为一组素毕氏数。

利用勾股定理，假定普林顿泥板上给出的是斜边 c 和直角边 b，就可以算出另一条直角边 a 来。见下表：

比如由 $\sqrt{169^2-119^2}=\sqrt{14400}=120$，算出 $a=120$。$a=2\times12\times5=120$，$b=12^2-5^2=119$，$c=12^2+5^2=169$，所以 $u=12$，$v=5$.

下列毕氏三数中，除第 11 行的 60，45，75，第 15 行的 90，56，106 之外都是素毕氏三数。为了便于研究，我们给出了这些毕氏数的参数 u，v 的值。

普林顿 322 号告诉了我们，早在三千多年前，古代巴

比伦人就知道了素毕氏数的一般表达式了。这真是一件了不起的贡献！

a	b	c	u	v
120	119	169	12	5
3456	3367	4825	64	27
4800	4601	6649	75	32
13500	12709	19541	125	54
72	65	97	9	4
360	319	481	20	9
2700	2291	3541	54	25
960	799	1249	32	15
600	481	769	25	12
6480	4961	8161	81	40
60	45	75	2	1
2400	1679	2929	48	25
240	161	289	15	8
2700	1771	3229	50	27
90	56	106	9	5

├ 我需要一个特殊时刻

泰勒斯是古希腊哲学的鼻祖，是古希腊爱奥尼亚学派的创始人。

泰勒斯早年是个商人，游历过许多地方。关于他的传说也很多，下面说一个泰勒斯测金字塔的故事。

两千五百多年以前，埃及法老阿美西斯命令说："找人测量一下雄伟的金字塔究竟有多

高。"可是所有埃及的聪明人都试过了，谁也测不出来。

　　泰勒斯在埃及跟僧侣学习过数学，他答应测出金字塔的高度。那时候连件像样的测量仪器也没有，想直接测出四棱锥形金字塔的高，真是困难呀！

　　泰勒斯对法老阿美西斯说："我需要找一个特殊时刻，才能测出金字塔的高。"

　　泰勒斯在金字塔旁竖立一根 1 米长的木棒，他不断测量这根木棒的影长。等到木棒的影子也是 1 米长时，特殊时刻来到了。因为在同一场所，同一时刻，金字塔的影子也应该和金字塔的高度一样长。

　　木棒的影子和金字塔的影子有所不同。木棒的影子可以全部测出来，而金字塔的影子却有一部分藏在金字塔的底座里。如果像下图那样，把金字塔从当中切开，藏在里面的影子正好等于底边的一半 b。再把金字塔外面的影长 a 测出来，二者相加得 $a+b$，就是金字塔的高。

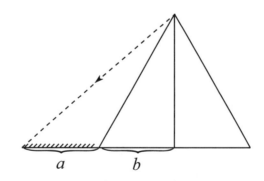

　　泰勒斯测金字塔的高度，是人类用相似原理进行测量最早的尝试。

　　泰勒斯在数学上最大的贡献是开创了命题的证明，使数学从直观判断跃升为逻辑证明，从而使数学定理更可靠了。泰勒斯曾证明"圆被任一直径所平分""等腰三角形的两底角相等"等几何命题。

泰勒斯还是天文学家，会预测日食的发生。传说，当时的美地亚国和吕地亚国发生战争，五年不分胜负，伤亡惨重。泰勒斯预先测知有日食发生，便传话给两国，说上天反对战争，如双方不停止战斗，某月某日必用日食来警告。到了那一天，双方战斗正在激烈进行，突然太阳失去光辉，白天变成了黑夜。双方非常害怕，认为是上天的惩罚，于是停战。后来查阅史料知道，这次日食发生在公元前 585 年 5 月 28 日。

但很多学者对上述传说抱怀疑态度，认为在那个时代准确地测出日食几乎是不可能的！

├ 刘徽发明 "重差术"

刘徽是我国三国时期的魏国人，可能是山东人。他曾从事度量衡考校工作，研究过天文历法，但主要是研究数学。

刘徽自幼就学习《九章算术》，对该书有独到的研究。他不迷信古人，对《九章算术》中许多问题的解法不满意，于 263 年完成了《九章算术注》，对《九章算术》的公式和定理给出了合乎逻辑的证明，对其中的重要概念给出了严格的定义，为我国古代数学建立了完备的理论。

　　刘徽创造了一种测量可望而不可即目标的方法，叫作"重差术"。重差术也叫"海岛算经"，附在《九章算术注》之后，共有九个问题。

　　刘徽说："凡望极高，测绝深而兼知其远者必用重差，勾股则必以重差为率，故曰重差也。"这段话的意思是，重差用于测不可到达物的距离。用两次测量之差，再利用相似比来进行计算。

　　"海岛算经"的第一个问题是"测海岛高及距离"。题目原文是：

　　"今有望海岛，立两表齐高三丈，前后相去千步，令后表与前表参相直。从前表却行一百二十三步，人目著地取望岛峰，与表末参合。从后表却行一百二十七步，人目著地取望岛峰，亦与表末参合。问岛高及去表各几何。"按现代数学语言译出，就是："为了求出海岛上的山峰 AB 的高度，在 D 和 F 处树立标杆 DC 和 FE，标杆高都是 3 丈，两标杆相距 1000 步，AB、CD 和 EF 在同一平面内。从标杆 DC 退后 123 步到 G 点，看到岛峰 A 和标杆顶端 C 在一条直线上；从标杆 FE 退后 127 步到 H 点，也看到岛峰 A

和标杆顶端 E 在一条直线上。求岛峰高 AB 及水平距离 BD。"

为解此题,可令标杆高为 h,两标杆的距离为 d,第一次退 a_1,第二次退 a_2。又设岛高为 x,BD 为 y。

按刘徽的做法是,作 $EL /\!/ AG$ 交 BH 于 L 点。

$\because$ $\quad \triangle ELH \backsim \triangle ACE$,

$\quad \triangle EHF \backsim \triangle AEK$,

$\therefore$ $\dfrac{EC}{HL} = \dfrac{AE}{EH}$,$\dfrac{AE}{EH} = \dfrac{AK}{EF}$,

$\therefore$ $\dfrac{EC}{HL} = \dfrac{AK}{EF}$.

已知 $EC = DF = d$,$HL = FH - FL = FH - DG = a_2 - a_1$,$EF = h$,可得

$$\frac{d}{a_2 - a_1} = \frac{AK}{h}, \quad AK = \frac{d}{a_2 - a_1} h,$$

$$x = AK + h = \frac{d}{a_2 - a_1} h + h.$$

又 $\because$ $\quad \triangle CDG \backsim \triangle AKC$,

$\therefore$ $\dfrac{KC}{DG} = \dfrac{AK}{CD}$.

已知 $KC = y$,$DG = a_1$,$AK = \dfrac{d}{a_2 - a_1} h$,$CD = h$,所以

$$\frac{y}{a_1} = \frac{\dfrac{d}{a_2 - a_1} h}{h},$$

$$y = \frac{d}{a_2 - a_1} a_1.$$

在上面公式里 $\dfrac{d}{a_2 - a_1}$ 是两个差数之比，所以叫重差术。也有人说因为两次用到差 $a_2 - a_1$，所以叫重差。

刘徽也得到了上面的公式，其公式为：

$$岛高 = \frac{表高 \times 表间}{后表却行 - 前表却行} + 表高,$$

$$前表去岛之远近 = \frac{前表却行 \times 表间}{后表却行 - 前表却行}.$$

其中"表"就是标杆，"却行"就是后退。

将"海岛算经"第一题的数据代入公式，可得 $x = 1506$ 步，$y = 30750$ 步。

"海岛算经"本来不独立成书，是附在《九章算术注》中"勾股"章后面的一个附录，主要讲用勾股定理进行测量的补充和发展。到公元 7 世纪唐朝初年，才从《九章算术注》中抽出来成为一部独立著作。因为第一题是关于测量海岛的高和远，所以起名《海岛算经》。

现传本《海岛算经》的九个问题中，有三个问题需要观测两次；有四个问题要观测三次；还有两个问题要观测四次。所有的观测和计算，都是应用相似三角形对应边成比例进行的，虽然没有引入三角函数，但是利用线段之比，同样可得结果。

重差术是我国数学上的一个创造。

├ 代数符号小议

1842年，数学家内塞尔曼把代数的发展分为三个时期：

1. 古老的文字叙述代数。

2. 简化代数。由古希腊数学家丢番图开始的用缩写方法来表示代数。

3. 符号代数。这是近400年才出现的。

20世纪英国著名哲学家、数学家罗素说："什么是数学？数学是符号加逻辑。"可见，数学符号在数学发展中起着重要作用。

公元13世纪，意大利数学家斐波那契首先使用符号"R"表示平方根号，它是取拉丁文Radix头尾两个字母合并而成。17世纪，法国数学家笛卡儿使用"$\sqrt{}$"表示根号。这个符号包含两个意思："$\sqrt{}$"是由拉丁字母"r"演变而来，它的原词为"root"（方根）；上面的短线"—"表示括线，相当于常用的括号。

指数符号。首先是苏格兰人休姆引入一个记号，用罗马数字表示指数，写在底的右上角，后经笛卡儿改良变成现在的A^n形式。

分指数最早见于奥力森的《比例算法》一书中。他把

$$2^{\frac{1}{2}}写作\frac{1 \cdot P}{2 \cdot 2}，(2\frac{1}{2})^{\frac{1}{4}}写作\frac{1 \cdot P \cdot 1}{4 \cdot 2 \cdot 2}$$

或者

$9^{\frac{1}{3}}$写作$\frac{1}{3} \cdot 9^P$，$2^{\frac{1}{2}}$写作$\frac{1}{2} \cdot 2^P$，后经牛顿改造成现在的形式。

17世纪，英国数学家沃利斯最早提出了负指数。他在《无穷算术》一书中说："平方数倒数的数列$\frac{1}{1}$，$\frac{1}{4}$，$\frac{1}{9}$…的指数是-2，立方数倒数的数列$\frac{1}{1}$，$\frac{1}{8}$，$\frac{1}{27}$…的指数是-3，两者逐项相乘，就得到'五次幂倒数'的数列$\frac{1}{1}$，$\frac{1}{32}$，$\frac{1}{243}$…它的指数显然是$-2-3=-5$……同样，'平方根倒数'的数列$\frac{1}{\sqrt{1}}$，$\frac{1}{\sqrt{2}}$，$\frac{1}{\sqrt{3}}$…的指数是$-\frac{1}{2}$。"

沃利斯引入了负指数，但是没有给出负指数符号，还是牛顿第一个给出了负指数符号。1676年6月13日，牛顿写信给英国皇家学会秘书奥丁堡，请他把信转给德国数学家莱布尼兹。信中说："因为代数学家将aa，aaa，$aaaa$等写成a^2，a^3，a^4等，所以我将$\sqrt{a}$，$\sqrt{a^3}$，$\sqrt[3]{a^5}$写成$a^{\frac{1}{2}}$，

$a^{\frac{3}{2}}$，$a^{\frac{5}{3}}$；又将$\dfrac{1}{a}$，$\dfrac{1}{aa}$，$\dfrac{1}{aaa}$写成a^{-1}，a^{-2}，a^{-3}。"

对数符号"log"是 logarithm（对数）的字头。苏格兰男爵纳皮尔于 1614 年在爱丁堡出版了《奇妙的对数表的说明》一书。纳皮尔引进了对数这个词。

1620 年，英国牛津大学教授布里格斯的一位同事冈特使用了"cosine（余弦）"和"cotangent（余切）"，首先出现在他写的《炮兵测量学》中。

"sine（正弦）"一词由雷基奥蒙坦最早使用。雷基奥蒙坦是 15 世纪西欧著名数学家。

"secant（正割）"及"tangent（正切）"最早见于 16 世纪丹麦数学家托马斯·芬克所写的《圆几何学》一书。

"cosecant（余割）"最早见于 16 世纪锐梯卡斯所写的、1596 年出版的《宫廷乐曲》一书。

1626 年，阿贝尔特·格洛德最早将"sine"、"tangent"、"secant"简写成"sin"、"tan"、"sec"。1675 年，英国人奥特雷德最早将"cosine"、"cotangent"、"cosecant"简写为"cos"、"cot"、"csc"。这些符号一直到 1748 年经欧拉应用才逐渐普及起来。

欧拉于 1734 年引入函数符号 $f(x)$；于 1736 年引入自然对数的底 e。

2. 代数的威力

├ 裁纸与乘方

在书和本子的背面，你会看见：8 开、16 开、32 开等字样。你知道这是什么意思吗？

一张整张的纸（787 毫米×1092 毫米），叫整开纸。把它对折裁开，就得到两张对开的纸。对开纸也叫两开纸。如果把对开纸再对折裁开，就得到四张 4 开纸。像这样再继续对折裁开，还可以得到 8 开、16 开、32 开、64 开等各种大小不同的纸。如果换一种对折的方法裁纸，还会得到 18 开、22 开等其他开型的纸。

研究一下用对折方法裁开的纸：折一次得 2 开纸，$2 = 2^1$；折二次得 4 开纸，$4 = 2^2$；折三次得 8 开纸，$8 = 2^3$；往下是 16 开，$16 = 2^4$；32 开，$32 = 2^5$；64 开，$64 = 2^6$……

以上这些数都可以写成幂的形式：幂底 2 表示裁纸的方法，每次都是把一张纸裁成两张；幂指数表示折纸的次数；幂是裁出纸的张数，也就是纸张的开型。

在数学上，把求相同因数的积的运算，叫作乘方。乘方的结果叫作幂。有人把乘方叫作加、减、乘、除四种运算之外的第五种运算。

喜马拉雅山的主峰——珠穆朗玛峰，海拔 8844.43 米，是世界第一高峰，被称作"世界屋脊"。一张报纸只有 $\frac{1}{100}$ 厘米厚，但是把一张报纸连续对折 30 次后，它的厚度能够超过珠穆朗玛峰！

是危言耸听吗？可以用计算来回答：

一张报纸连续对折，它的层数按如下规律增加：1，2，4，8，16，32 … 即 1，2^1，2^2，2^3，2^4，2^5 …

危言耸听

对折 30 次，层数为 2^{30}。可用对数算出 2^{30}：设 $x=2^{30}$，两边同时取对数：

$$\lg x = 30\lg 2 = 30 \times 0.3010 = 9.030,$$

$$\therefore \quad x = 1.072 \times 10^9.$$

如果按 100 层报纸厚为 1 厘米计算，

$$x = 107200 \text{（米）}.$$

也就是说，这张报纸连续对折 30 次后，它的厚度大约是 107200 米，比 12 座珠穆朗玛峰接在一起还要高！

有了乘方和幂，就可以用幂的形式来记大数或小数了。比如人体大约有 100 万亿个细胞。100 万亿就是 100000000000000，这里 0 真够多的，很容易弄错。用幂形

式记就是 10^{14}，很方便。

幂的形式不仅记数方便，计算更是简便。比如人体大约有 100 万亿个细胞，我国有 10 亿人，问共有多少个细胞？

设细胞总数为 n，则

$n = 100000000000000 \times 1000000000$

$\quad = 100000000000000000000000.$

是个 24 位的大数，其中 0 有 23 个。

如用幂的形式来记，再使用乘方法就有

$$n = 10^{14} \times 10^9 = 10^{14+9} = 10^{23}.$$

10 的幂指数是多少，1 后面就写多少个 0。如能记住"千"对应着 10^3，"亿"对应着 10^8，使用起来就更方便了。

├ 幂字的趣味

"幂"字有 12 画，古代的幂字却只有两画，写作"冖"。"冖"是个象形字，表示一块盖桌子的布。你看，"冖"字多像一块布盖在桌子上，两边还垂下一部分来。

我国古代数学家就借用"冖"字来表示一块方形布的面积。现在 a 的二次幂的几何意义，就是表示以 a 为边的正方形的面积。

16 世纪，法国数学家韦达把 a 的一次幂叫作"长度"，a 的二次幂 a^2 叫作"面积"，a 的三次幂 a^3 叫作"体积"。

a 的四次幂 a^4 叫什么呢？韦达也有办法。他把 a^4 叫作

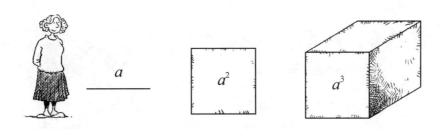

"面积 — 面积",把 a^5 叫作"面积 — 体积",把 a^6 叫作"体积 — 体积"。依次类推,一直到 a^9 叫作"体积 — 体积 — 体积"。人们对幂的理解,就是从几何直观开始的。

人对大数的认识和表示,与"幂"字的发展是密不可分的。早在两千多年前,古希腊的数学家阿基米德在《论数沙》一书中写道:"有人认为无论是在叙拉古城,还是在整个西西里岛,或者在全世界所有有人烟和无人迹的地方,沙子的数目是无穷的;也有人认为沙子数目不是无穷的,但是想表示沙子的数目是办不到的。但是我的计算表明,如果把所有的海洋和洞穴都填满沙子,这些沙子的总数不会超过 1 后面有 100 个零。"这里阿基米德提出了一个大数:10^{100}。在这本书中阿基米德还提出计算大数的单位——"万万"即 10^8。以万万为起点,可以得到一系列新的大数 10^{16},10^{24} 等。

阿基米德在著名的"阿基米德牛群"问题中,提出了更大的数。该问题说:

朋友,请告诉我,
西西里岛上有多少头牛?

如果你不缺少智慧，

请数一数吧！

这些牛分成四群，

以不同颜色相区别：

一群乳白色闪闪发亮，

一群灰黑色如同海浪，

一群红褐色的像一团火，

一群杂色的像花儿开放。

每一牛群中都有公牛和母牛，

它们虽然极其众多，

却也不是没有一定规律：

白色公牛的数目，

等于 $(\frac{1}{2}+\frac{1}{3})$ 黑色公牛数目，加上褐色公牛数目；

黑色公牛的数目，

等于 $(\frac{1}{4}+\frac{1}{5})$ 杂色公牛数目，加上褐色公牛数目；

杂色公牛的数目，

等于 $(\frac{1}{6}+\frac{1}{7})$ 白色公牛数目，加上褐色公牛数目。

母牛数目也有一定规则：

白色母牛的数目，

等于 $(\frac{1}{3}+\frac{1}{4})$ 黑色公牛加母牛的数目；

黑色母牛的数目，

等于 $(\frac{1}{4}+\frac{1}{5})$ 杂色公牛加母牛的数目；

杂色母牛的数目，

等于 $(\frac{1}{5}+\frac{1}{6})$ 褐色公牛加母牛的数目；

褐色母牛的数目，

等于 $(\frac{1}{6}+\frac{1}{7})$ 白色公牛加母牛的数目。

朋友，还请你注意，
公牛数的特别性质：
如果把白色和黑色公牛一个挨一个排列，
将构成一个正方形；
如果把杂色和褐色公牛一个挨一个排列，
将构成一个三角形。
朋友，请运用你的智慧回答：
共有多少公牛和母牛？
各种颜色的公牛和母牛各有多少？
如果你能回答，
你将是世界上最聪明的人！

由于题目很长，条件也比较多，想当"世界上最聪明的人"也并不容易。

假设以 X，Y，Z，T 分别表示白色、黑色、褐色、杂色公牛数。再以 x，y，z，t 分别表示相应的母牛数，则可得方程组：

$$X = \left(\frac{1}{2} + \frac{1}{3}\right) Y + Z,$$

$$Y = \left(\frac{1}{4} + \frac{1}{5}\right) T + Z,$$

$$T = \left(\frac{1}{6} + \frac{1}{7}\right) X + Z,$$

$$x = \left(\frac{1}{3} + \frac{1}{4}\right) (Y + y),$$

$$y = \left(\frac{1}{4} + \frac{1}{5}\right) (T + t),$$

$$t = \left(\frac{1}{5} + \frac{1}{6}\right) (Z + z),$$

$$z = \left(\frac{1}{6} + \frac{1}{7}\right) (X + x),$$

$X + Y =$ 完全平方数（即 $X + Y = P^2$），

$T + Z =$ 三角形数（即 $T + Z = \dfrac{q(q+1)}{2}$）.

这是一个难解的不定方程，它包含了 8 个未知整数。这 8 个未知整数受 7 个线性方程和两个附加条件的约束。

尽管此题很困难，阿基米德还是给出了详细的解法，答数很大，有的超过 206500 位数。俄罗斯数学家维谢洛夫斯基说："如果每页写 2500 个数字，这道题的答案全部写出来需要 660 页。如果用幂来表示就方便多了，比如白色公牛数 $X=1598\times10^{206541}$，公牛总数为 7766×10^{206541}。"

┠ 沈括与围棋

围棋棋局变化万千，自古以来几乎没有看到过完全相同的棋局。围棋与数学的关系密切，其中棋局总数有多少就是一个数学问题。这个问题看起来很简单，可是棋路多了计算就很复杂。传说我国唐代的张遂曾计算过棋局总数，但他是怎样计算的，没有留下记载。

沈括是我国北宋时期杰出的科学家。他多才多艺，在许多领域内取得重要成就。沈括对棋局的总数进行了计算，他认为棋路多了，棋局总数大得很，"非世间名数可能言之"，就是说，已有的数目字都不够用。

沈括是由简到繁来考虑的。他从二路开始计算。如果棋盘是二路见方，只考虑一个用子位置，对方就有三种落子的可能，也就有三种变化。用子可以有四种位置。因此，只考虑四个棋子的位置就可以有 $3^4=81$ 种变化。以后不管是横是直，每增加一个用子位置，棋局数目就乘 3。

如果棋盘增加到三路见方，有 9 个棋子位置，$3^9=19683$，可变出一万九千六百八十三局。一直算下去，如果棋盘是七路以上见方的，棋局总数就无法用当时所有的大数名称表达出来。围棋的棋盘一般是十九路，共 $19\times19=361$ 个用子的位置，棋局总数更大得惊人。但是，沈括研究出三种计算方法，求出了总局数。

下面先用对数方法计算一下总局数是多少。

设总局数为 x，则 $x=3^{361}$。

两边同时取对数，得：

$$\begin{aligned}
\lg x &= \lg 3^{361}\\
&= 361 \times \lg 3\\
&= 361 \times 0.47712\\
&= 172.24075
\end{aligned}$$

$$\therefore \quad x = 1.74 \times 10^{172}.$$

棋局总数远远超过 1 个古戈。

重要的一点是，沈括在计算中用到了指数法则，例如 $a^3 \times a^3 = a^6$，$a^{12} \times a^6 = a^{18}$ 等。

├ 组成最大的数

我国现代一位著名数学家，他在中学读书时，有一次数学老师给班上同学出了一道题："用三个 9 组成一个最大的数。"

有个同学很快就答道是 999；

有的同学认为不对，应该是 99^9；

还有同学提出 9^{99} 最大，或 $(9^9)^9$ 最大；

我国这位著名数学家一直没发言，后来举手回答说："9^{9^9} 最大。"

究竟谁回答得对呢？

用对数算一算：

设 $x=99^9$，

$\lg x=\lg 99^9=9\lg 99=9\times 1.9956=17.9604$，

　　$x=9.128\times 10^{17}$，即 $99^9=9.128\times 10^{17}$．

设 $y=9^{99}$，

$\lg y=\lg 9^{99}=99\lg 9=99\times 0.9542=94.4658$

　　$y=2.922\times 10^{94}$，即 $9^{99}=2.922\times 10^{94}$．

设 $z=(9^9)^9=9^{81}$，

$\lg z=\lg 9^{81}=81\lg 9=81\times 0.9542=77.2902$，

　　$z=1.951\times 10^{77}$，即 $(9^9)^9=1.951\times 10^{77}$．

设 $u=9^{9^9}$，

$\lg u=\lg 9^{9^9}=9^9\lg 9$，再令 $9^9=v$，

$\lg v=\lg 9^9=9\lg 9=9\times 0.9542=8.587$，

　　$v=3.871\times 10^8$．

$\lg u=v\lg 9=3.871\times 10^8\times 0.9542$

　　$=3.694\times 10^8=369400000$，

$u=10^{369400000}$，即 $9^{9^9}=10^{369400000}$．

9^{9^9} 这个不太显眼的数，没想到有这么大，比 1 古戈（10^{100}）大多了。

├ 从富兰克林的遗嘱谈起

美国著名政治家富兰克林曾立下一份遗嘱，下面是遗嘱的摘要：

"一千英镑赠给波士顿的居民。如果他们接受了这一千英镑，那么这笔钱应该托付给一些挑选出来的公民，他们要把这笔钱按每年百分之五的利率借给一些年轻的手工业者。这笔钱过了 100 年增加到 131000 英镑。我希望，那时候用 100000 英镑来建立一所公共建筑物，剩下的 31000 英镑拿去继续生利息。在第二个 100 年的末了，这笔钱增加到 4061000 英镑，其中的 1061000 英镑还是由波士顿的居民来支配，而其余的 3000000 英镑让马萨诸塞州的公众来管理。过此以后，我可不敢多作主张了。"

留下一千英镑，富兰克林却在为几百万英镑安排用场，这可能吗？数学计算证实富兰克林所说的一切是可能做到的。

1000 英镑，每年增加到 1.05 倍。

第一年为 $x_1 = 1000 \times 1.05$

$$= 1050 \text{（英镑）}.$$

第二年得 $x_2 = (1000 \times 1.05) \times 1.05$

$$= 1000 \times 1.05^2 \text{（英镑）}.$$

这里要注意的是计算第一年的钱数时，"本"是 1000 英镑，"利"即利息是 50 英镑。而计算第二年的钱数时，"本"是第一年的"本利和"1050 英镑，是在第一年的本利和上乘以 1.05 的。

第三年得 $x_3 = (1000 \times 1.05^2) \times 1.05$

$$= 1000 \times 1.05^3 \text{（英镑）}.$$

如此算下去，第 100 年末的本利和

$$x_{100} = 1000 \times 1.05^{100} \text{（英镑）}.$$

可以用对数来计算：

$$\begin{aligned}
\lg x_{100} &= \lg 1000 \times 1.05^{100} \\
&= \lg 1000 + 100 \lg 1.05 \\
&= 3 + 100 \times 0.0212 \\
&= 5.12 \text{（英镑）}.
\end{aligned}$$

$$x_{100} = 131800 \text{（英镑）}.$$

（如果用七位数学用表，$\lg 1.05 = 0.0211893$，$x_{100} = 131000$。上面用的是四位数学用表）。计算结果和富兰克林遗嘱基本一致。

用类似的方法，可以计算第二个 100 年末的本利和：

$$x_{200} = 31000 \times 1.05^{100}$$

$$\begin{aligned}
\lg x_{200} &= \lg 31000 + 100 \times \lg 1.05 \\
&= 5.4914 + 2.12 \\
&= 7.6114.
\end{aligned}$$

$$x_{200} = 4087000 \text{（英镑）}.$$

如果用高位的对数表来算，会得到 4061000 英镑。

富兰克林遗嘱实际上讲了一个"复利问题"。贷款或在银行储蓄所得到的报酬叫作利息，简称利。贷款或储蓄的金额叫作本金，简称本。每期利息对本金的百分率叫作利率。富兰克林最初留下的本金是 1000 英镑。年利率是百分之五。

如果计算利息时，无论经过多少期，都用存款作本金，利不生利，叫作单利；如果把每期的利息加入本金作为下一期的本金，这样利上加利的计算利息叫作复利。复利第 n 期本利和的计算公式为：

$$本金\times（1+利率）^n.$$

所以富兰克林遗嘱中讲的是复利。

┠ 从密码锁到小道消息

有一种密码锁，锁上有 5 个圈子，圈子可以转动，每个圈子上都有 0 到 9 共十个数。只有把这 5 个圈对上某一个 5 位数，密码锁才能打开。

现在要问，这把密码锁可以组合出多少个 5 位数字？

可以从简到繁来考虑：如果只有一个圈子，那么只有 10 个不同的数字；如果有 2 个圈子，就有 $10\times10=10^2$ 个不同的数字……现在有 5 圈，就会有 10^5 个，也就是十万个不同的 5 位数字。看来，密码锁靠碰运气去开，实在是可能性太小了。

俄国十月革命胜利以后，人们从沙俄某机关里发现了一个保险柜。保险柜里藏有什么呢？保险柜的门用的就是密码锁。门上有 5 个圈子，每个圈子上都有 36 个字母，只有将这 5 个圈子的字母组成某个字时，门才能打开。

5 圈字母，每圈有 36 个字母，可组成 $36^5=60466176$

种字母组合。如果想把这 6000 多万个字母组合都组完，假定每个组合要 3 秒钟，就要用 $3 \times 60466176 = 181398528$（秒），超过 5 万小时。按每天工作 8 小时计算，大约要 6300 个工作日，差不多有 20 年！

再说说小道消息。你知道小道消息传播有多快吗？

比如一个人得到了一条小道消息，他偷偷地告诉了两个朋友。半小时后这两个朋友又各自偷偷地告诉了自己的两个朋友。如果每个得到小道消息的人在半小时内把这一消息告诉两个朋友，计算一下 24 小时后有多少人知道这条小道消息：

半小时有 $1+2$ 人，

一小时有 $1+2+2^2$ 人，

一个半小时有 $1+2+2^2+2^3$ 人，

……

设 24 小时后有 x 人知道，则

$$x = 1+2+2^2+2^3+\cdots+2^{48}.$$

这个数怎样算才能简便一些呢？可以两边同时用 2 乘，即

$$2x = 2+2^2+2^3+2^4+\cdots+2^{49},$$

再减去原式

$$x = 1+2+2^2+2^3+\cdots+2^{48},$$

$$x 得 = 2^{49}-1.$$

可以利用对数计算出 2^{49} 的值。设 $y = 2^{49}$，

$$\lg y = \lg 2^{49}$$
$$= 49\lg 2 = 49 \times 0.3010$$
$$= 14.7490,$$
$$y = 561000000000000$$
$$= 5.61 \times 10^{14}.$$
$$x = y - 1 = 5.6 \times 10^{14}.$$

也就是说从第一个人知道消息开始，只过了一天时间就有 561 万亿人知道这条小道消息。这个数字竟是全世界的人口 70 亿的 8 倍！当然，由于许多人不愿意传播小道消息，小道消息在传播过程中会遇到各种抵制和限制，所以永远不可能传遍全世界所有的人。

小道消息常常不可靠。我们不要传播小道消息。

├ 韦达定理用处多

不论是解方程，还是研究方程的性质，韦达定理都很有用。

第一个例子：在方程 $x^2 - (m-1)x + m - 7 = 0$ 中已知下列条件之一，求 m 的值

（1）有一个根为零；（2）两根互为倒数；（3）两根互为相反数。

可以这样来解：

（1）由题目条件知"有一个根为零"，不妨设 $x_1 = 0$。由韦达定理可知

$$x_1 \cdot x_2 = m - 7.$$

$$\because \quad x_1 = 0,$$

$$\therefore \quad m - 7 = 0, \ m = 7.$$

（2）题目条件给出"两根互为倒数"，必有 $x_1 = \dfrac{1}{x_2}$，由韦达定理可知

$$x_1 \cdot x_2 = m - 7.$$

$$\because \quad x_1 \cdot x_2 = x_1 \cdot \dfrac{1}{x_1} = 1,$$

$$\therefore \quad m - 7 = 1, \ m = 8.$$

（3）由于"两根互为相反数"，有 $x_1 = -x_2$，由韦达定理可知

$$x_2 + x_2 = m - 1.$$

$$\because \quad x_1 + x_2 = 0,$$

$$\therefore \quad m - 1 = 0, \ m = 1.$$

第二个例子：已知方程 $x^2 + 2x - 18 = 0$ 的两根为 α 和 β，

（1）写出以 $2\alpha + 3\beta$ 和 $2\beta + 3\alpha$ 为两根的方程；

（2）写出以 $\alpha + \dfrac{2}{\beta}$ 和 $\beta + \dfrac{2}{\alpha}$ 为两根的方程。

可以这样来解：

（1）由韦达定理得

$$\alpha + \beta = -2, \ \alpha \cdot \beta = -18,$$

$$\because \quad (2\alpha + 3\beta) + (2\beta + 3\alpha)$$

$$= 5(\alpha + \beta)$$

$$=5\times(-2)=-10.$$

又∵ $(2\alpha+3\beta)\cdot(2\beta+3\alpha)$

$$=6\alpha^2+13\alpha\beta+6\beta^2$$

$$=6(\alpha^2+\beta^2)+13\times(-18)$$

$$=6(\alpha^2+\beta^2)-234.$$

而 $\alpha^2+\beta^2=(\alpha+\beta)^2-2\alpha\beta$

$$=(-2)^2-2\times(-18)$$

$$=40.$$

且 $(2\alpha+3\beta)\cdot(2\beta+3\alpha)$

$$=6\times40-234=6.$$

∴所求方程为 $x^2+10x+6=0.$

(2) ∵ $(\alpha+\dfrac{2}{\beta})+(\beta+\dfrac{2}{\alpha})$

$$=\alpha+\beta+2\frac{\alpha+\beta}{\alpha\beta}$$

$$=-2+2\times\frac{-2}{-18}$$

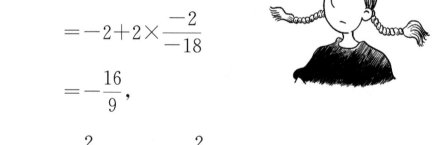

$$=-\frac{16}{9},$$

又∵ $(\alpha+\dfrac{2}{\beta})\cdot(\beta+\dfrac{2}{a})$

$$=a\beta+\frac{4}{a\beta}+4$$

$$=-18+\frac{4}{-18}+4$$

$$= -\frac{128}{9},$$

∴ 所求方程为 $x^2 + \frac{16}{9}x - \frac{128}{9} = 0$，

即 $9x^2 + 16 - 128 = 0$.

下面是 1956 年北京市中学生数学竞赛的一道题：

已知 $x^2 - x - 4 = 0$，不许解方程，求出 $x_1^2 + x_2^2$ 和 $\frac{1}{x_1^3} + \frac{1}{x_2^3}$ 的值。

由韦达定理可知

$$x_1 + x_2 = 1, \quad x_1 \cdot x_2 = -4,$$

$$x_1^2 + x_2^2 = (x_1 + x_2)^2 - 2x_1x_2$$

$$= 1^2 - 2 \times (-4) = 9;$$

$$\frac{1}{x_1^3} + \frac{1}{x_2^3} = \frac{x_1^3 + x_2^3}{x_1^3 \cdot x_2^3}$$

$$= \frac{(x_1 + x_2)(x_1^2 - x_1x_2 + x_2^2)}{(x_1 \cdot x_2)^3}$$

$$= \frac{(x_1 + x_2)\left[(x_1^2 + x_2^2) - x_1x_2\right]}{(x_1 \cdot x_2)^3}$$

$$= \frac{1 \times \left[9 - (-4)\right]}{(-4)^3}$$

$$= -\frac{13}{64}.$$

一般来说，韦达定理主要有以下四个方面的用途：

1. 利用韦达定理可以观察出一些一元二次方程的根；

2. 已知方程的两根之间的某种关系，可以求出系数来（第一个例子）；

3. 已知二次方程，求它的两个根的齐次幂的和（第三个例子）；

4. 已知二次方程，求作一个新的二次方程，使得两个方程的根满足某种关系（第二个例子）。

｜ 算术根引出的麻烦

算术根是一个不太好掌握的概念，稍不注意就会出问题。

现在证明"蚂蚁和大象一样重"：

设蚂蚁重量为 x，大象重量为 y，又设 $x+y=2v$，

由 $x+y=2v$，移项得 $x-v=v-y$，

两边同时平方，得 $(x-v)^2=(v-y)^2$，

因为 $v-y$ 可以写成 $[-(y-v)]$，

所以 $(v-y)^2=[-(y-v)]^2=(y-v)^2$，

即 $(x-v)^2=(y-v)^2$，

两边同时开方 $\sqrt{(x-v)^2}=\sqrt{(y-v)^2}$，

得到 $x-v=y-v$，

因此 $x=y$。

即 蚂蚁的重量＝大象的重量。

还可以证明"$-1=1$"。

由等式　$2^2+3^2=3^2+2^2$，

两边各减去 $2\times2\times3$，得

$2^2-2\times2\times3+3^2=3^2-2\times2\times3+2^2.$

根据公式 $a^2-2ab+b^2=(a-b)^2$，有

$$(2-3)^2=(3-2)^2,$$

两边同时开方，有

$$\sqrt{(2-3)^2}=\sqrt{(3-2)^2}$$

$$2-3=3-2,$$

因此　$-1=1.$

上面两个荒唐的结论，问题出在哪儿呢？都出在算术根上！

$x^2=4$，x 等于多少？

$x=2$，还是 $x=\pm2$？

$\sqrt{4}$ 等于多少？

$\sqrt{4}=2$，还是 $\sqrt{4}=\pm2$？

每个问题都有两个答案，究竟哪个对呢？

$x^2=4$，求 x 等于多少，意思是让你解这个方程，找出 x 所有的根。因为 $2^2=4$，$(-2)^2=4$，所以 $x=\pm2$ 是对的。

$\sqrt{4}$ 表示什么？既然 $2^2=4$，$(-2)^2=4$，如果用 $\sqrt{4}$ 表示 4 的平方根的话，可以规定 $\sqrt{4}=\pm2$，但是这种表示法使得

我们无法对平方根进行运算。如果让 $\sqrt{4}=\pm 2$，必然有 $\sqrt{9}=\pm 3$，此时 $\sqrt{4}+\sqrt{9}$ 等于多少呢？会出现四个答案：

$$\sqrt{4}+\sqrt{9}=2+3=5;$$

$$\sqrt{4}+\sqrt{9}=2+(-3)=-1;$$

$$\sqrt{4}+\sqrt{9}=-2+3=1;$$

$$\sqrt{4}+\sqrt{9}=(-2)+(-3)=-5.$$

而且这四个答数全都对！假如我们做 $\sqrt{4}+\sqrt{9}+\sqrt{16}$ 的话，会得出八个答数，也是个个都对。这样就和我们过去所做过的加、减、乘、除四则运算的题目不同了，那时答数都只有一个。运算有多个答数，会影响我们的计算结果。

因此，数学上规定，当一个数 a（$a \geq 0$）的平方根有两个时，$\sqrt{a}$ 只代表那个正的平方根，叫作 a 的算术平方根，简称算术根。在这种规定下，$\sqrt{4}$ 只能代表 4 的正的平方根，即 $\sqrt{4}=2$。

负数不能开平方。只有 $a=0$ 时，$\sqrt{a}=0$。今后看到符号 $\sqrt{a}$（$a \geq 0$）时，记住它代表算术根，是个非负数。

这样一来，在算术根的意义下，$\sqrt{4}+\sqrt{9}=5$，$\sqrt{4}+\sqrt{9}+\sqrt{16}=9$，答数都唯一了。

再看看上面提出的两个错误结论：在"蚂蚁和大象一样重"的问题中，$\sqrt{(x-v)^2}$ 代表算术根，应该是非负数。可是 $\sqrt{(x-v)^2}=x-v$，其中 $x-v$ 是非负数吗？v 代表蚂蚁与大象重量之和的一半，x 代表蚂蚁的重量。蚂蚁多轻啊！因此 $x-v$ 应该是一个负数，根据算术根的规定 $\sqrt{(x-v)^2} \neq x-v$，而应该等于 $v-x$。按着 $\sqrt{(x-v)^2} = v-x$，将得到

$$v-x=y-v,$$
$$x+y=2v.$$

这是我们的假设，是对的。不会再出现 $x=y$ 了。

在 "$-1=1$" 中，$\sqrt{(2-3)^2}$ 究竟等于什么呢？因为 $\sqrt{(2-3)^2}$ 代表的是算术根，应该是一个非负数，而在上面证明中却取了 $\sqrt{(2-3)^2}=2-3=-1$ 了，左边是算术根，右边是 -1，这怎么能相等？正确的应该是 $\sqrt{(2-3)^2}=3-2=1$。只要正确理解算术根，就不会得出荒唐的结论了。

├ 神通广大的算术根

算术根是初中代数中非常重要的概念，在根式的恒等变换、方程、函数图像中起很大作用，可谓神通广大。

根式运算是以根式性质为基础的，而根式性质又建立在算术根之上。符号 $\sqrt{A}$ （$A>0$）只代表算术根。

比如，性质 $\sqrt[n]{a^m} = \sqrt[np]{a^{mp}}$ 必须 $a \geqslant 0$，否则不一定成立。因此，将代数式由根号内移到根号外时要特别注意。

例如

$$\sqrt{\frac{(a^2-2ab+b^2)\ y}{25}}$$

$$=\sqrt{\frac{(a-b)^2 y}{5^2}}$$

$$=\begin{cases} \dfrac{a-b}{5}\sqrt{y} & (a\geqslant b), \\ \dfrac{b-a}{5}\sqrt{y} & (a<b). \end{cases}$$

$$\sqrt{(2-x)^2}+\sqrt{(x-1)^2}$$

$$=\mid 2-x \mid + \mid x-1 \mid$$

$$=\begin{cases} 3-2x & (x<1), \\ 1 & (1\leqslant x<2), \\ 2x-3 & (x\geqslant 2). \end{cases}$$

算术根可以巧妙地运用于解方程，比如根据算术根的定义可以判定某些无理方程无解。例如，以下无理方程可直接看出无解。

（1） $\sqrt{x^2+2x+3}=-1$,

（2） $\sqrt{x-1}+\sqrt{2-x}=-3$,

（3） $\sqrt{x+1}-\sqrt{x-1}=0$,

（4） $\sqrt{x-3}-\sqrt{x-4}=0$.

以上四式等号左端都是算术根，不可能为负数，因此（1）、（2）两个方程无解；由于 $x+1\neq x-1$，$x-3\neq x-4$，因此（3）、（4）也无解。

有些无理方程需要用到算术根定义来解。

例如方程 $\qquad \sqrt{x^2-6x+9}=3-x$,

$$\sqrt{(x-3)^2}=3-x,$$

由于 $\quad \sqrt{(x-3)^2}\geqslant 0$，即 $3-x\geqslant 0$，

所以 $\quad x\leqslant 3$.

当 $x\leqslant 3$ 时，$\sqrt{(x-3)^2}=3-x$,

即 $\quad 3-x=3-x$ 为恒等式。

$\therefore \quad$ 方程的解为 $x\leqslant 3$.

有些函数作图也离不开算术根。比如

（1）作 $y=\sqrt{x^2}$ 的图像。

$\because \quad \sqrt{x^2}=\begin{cases} x & (x\geqslant 0), \\ -x & (x<0). \end{cases}$

$\therefore \quad$ 该函数图像如下页左上图。

（2）作 $y=\sqrt{(x^2-4)^2}$ 的图像。

$\sqrt{(x^2-4)^2}$

$$=\begin{cases} x^2-4 & (x\geqslant 2 \text{ 或 } x\leqslant -2), \\ -x^2+4 & (-2<x<2). \end{cases}$$

其函数图像如下右图。

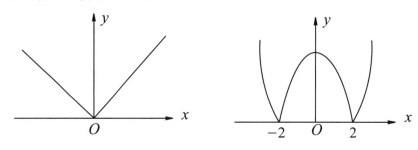

测量古尸的年代

我国曾在湖南长沙的马王堆挖掘出一具保存完好的汉代古尸，这个考古发现震动了全世界。这具古尸生前所在的年代是多少呢？

现代考古工作中，常使用一种碳 14 测定年代法，它可以帮助确定死者生前所在的年代。

碳 14 是一种放射性同位素，每年都按着相同的比例将一小部分碳 14 转变成氮 14。生物体内都含有一定数量的

碳 14，当生物活着的时候，碳 14 一方面消耗，一方面补充，总保持一定水平。一旦生物死亡了，碳 14 就停止补充，它只能按一定规律减少。这样一来，只要测出生物遗体中碳 14 减少的程度，就可以推算出生物生前所在的年代。

假如我们知道碳 14 每年有 0.012％变成氮 14，计算一下 1 克的碳 14 经过多少年变成 $\frac{1}{2}$ 克碳 14。

原有碳 14 为 1 克，

第一年剩下的碳 14 为

$$y_1 = 1 - \frac{12}{100000} = \frac{99988}{100000} \text{（克）}.$$

第二年剩下的碳 14 为

$$y_2 = y_1 \times (1 - \frac{12}{100000}) = y_1 \times \frac{99988}{100000}$$

$$= (\frac{99988}{100000})^2 \text{（克）}.$$

第三年剩下的碳 14 为

$$y_3 = y_2 \times (1 - \frac{12}{100000}) = y_2 \times \frac{99988}{100000}$$

$$= (\frac{99988}{100000})^3 \text{（克）}.$$

第 x 年剩下的碳 14 为

$$y = \left(\frac{99988}{100000}\right)^x \text{（克）}.$$

我们设经过了 x 年碳 14 从 1 克变成为 $\frac{1}{2}$ 克，则有

$$\frac{1}{2} = \left(\frac{99988}{100000}\right)^x,$$

两边同时取对数，得

$$\lg \frac{1}{2} = x \lg \frac{99988}{100000},$$

$$x = \lg \frac{1}{2} \div \lg \frac{99988}{100000}.$$

用更高位数的对数表可算得 $x = 5700$ 年。这说明 1 克碳 14 要经过 5700 年才变成 $\frac{1}{2}$ 克碳 14。5700 年叫碳 14 的半衰期，而求半衰期需要解一个特殊的方程——未知数在指数的方程，这种方程叫指数方程。

马王堆古尸经考证死于公元前 160 年，而用碳 14 测定死者距今为 2130 年。公元前 160 年距现在约有 2140 年，两者相差很少。

我国辽东半岛普兰店曾挖掘出古莲子，至今还能开花。用碳 14 测定，距今大约有 1040 年了。又如荷兰长期处于

构造下沉，用碳 14 测定在近 7500 年内每百年下沉 21 厘米。

├ 用几何法证代数恒等式

古代的希腊人是用线段长度来表示数，根本没有任何适当的代数符号。为了进行代数运算，他们设计了灵巧的几何法证代数恒等式。这种几何法，大部分应归功于古希腊的毕达哥拉斯学派。在欧几里得的《几何原本》的前几卷可以零星地见到这种形式。证明方法是毕达哥拉斯的"剖分法"。下面是《几何原本》中的几个命题：

第二卷命题 4：

如果一条线段被分成两部分，则以整个线段为边的正方形等于分别以这两部分为边的两个正方形以及以这两部分为边的矩形的两倍之和。

单纯用语言来叙述，不好理解。如果引进字母就容易弄明白。命题 4 说：边长为 $a+b$ 的正方形可以分成面积分别为 a^2，b^2，ab，ab 的两个正方形和两个矩形。

命题 4 就是用几何法证明代数恒等式。

$$(a+b)^2 = a^2 + 2ab + b^2.$$

从下页上图可以看出以 $a+b$ 为边的正方形，被剖分成四部分，分别以 a，b 为边的两个正方形，以 a，b 为邻边的两个长方形。大正方形的面积等于两个小正方形和两个长方形面积之和，所以有

$$(a+b)^2 = a^2 + ab + ba + b^2$$
$$= a^2 + 2ab + b^2.$$

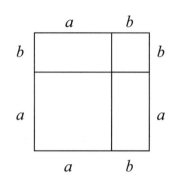

第二卷命题 5：

如果一线段既被等分又被不等分，则以不等分为边的矩形加上以两分点之间的线段为边的正方形等于以这一线段的一半为边的正方形。

如果 AB 是给定的线段，P 为等分点，Q 为不等分点。命题 5 可写作：

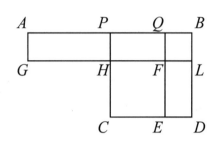

$$AQ \cdot QB + PQ^2 = PB^2.$$

如果令 $AQ=2a$，$QB=2b$，则可导出代数恒等式

$$4ab + (a-b)^2 = (a+b)^2.$$

如果令 $AB=2a$，$PQ=b$，则可导出另外形式的代数恒等式

$$(a-b)(a+b) = a^2 - b^2.$$

下面以剖分法进行证明：

取 $AG=QB$，作矩形 $AGLB$，以 PB 为边作正方形 $PCDB$。

$$\begin{aligned}
AQ \cdot QB + PQ^2 &= S_{AGFQ} + S_{HCEF} \\
&= S_{AGHP} + S_{PHFQ} + S_{HCEF} \\
&= S_{PHLB} + S_{PHFQ} + S_{HCEF} \\
&= S_{PHLB} + S_{FEDL} + S_{HCEF}
\end{aligned}$$

$$=S_{PCDB}=PB^2.$$

├ 妙啊，恒等式

等式 $(a+b)(a-b)=a^2-b^2$ 在代数里是常见的。这个等式中 a 和 b 无论取什么数都是正确的，我们把它叫作"恒等式"。下面是比较复杂一点的恒等式：

$$(a^2+b^2)(c^2+d^2)=(ac+bd)^2+(ad-bc)^2. \quad (1)$$

它可以从熟知的公式 $(a+b)^2=a^2+2ab+b^2$ 入手来验证。把它的右边乘出来：

$$(ac+bd)^2+(ad-bc)^2$$
$$=(a^2c^2+2abcd+b^2d^2)+(a^2d^2-2abcd+b^2c^2)$$
$$=a^2c^2+b^2d^2+a^2d^2+b^2c^2$$
$$=(a^2c^2+a^2d^2)+(b^2c^2+b^2d^2)$$
$$=a^2(c^2+d^2)+b^2(c^2+d^2)$$
$$=(a^2+b^2)(c^2+d^2).$$

这正是（1）式的左边。

由恒等式（1）可以得出一些有趣的结果：如果两个数中每一个数又都是两个平方数之和，则乘积也是两个平方数之和。比如

$$13=9+4=3^2+2^2,$$
$$41=25+16=5^2+4^2,$$
则　$13\times41=(3^2+2^2)\times(5^2+4^2)$

$$= (3 \times 5 + 2 \times 4)^2 + (3 \times 4 - 2 \times 5)^2$$
$$= 23^2 + 2^2.$$

18 世纪瑞士著名数学家欧拉，发现了下面一个恒等式：

$$(a_1{}^2 + a_2{}^2 + a_3{}^2 + a_4{}^2) \times (b_1{}^2 + b_2{}^2 + b_3{}^2 + b_4{}^2)$$

$$= (-a_1 b_1 + a_2 b_2 + a_3 b_3 + a_4 b_4)^2 + (a_1 b_2 + a_2 b_1 + a_3 b_4 - a_4 b_3) + (a_1 b_3 - a_2 b_4 + a_3 b_1 + a_4 b_2)^2 + (a_1 b_4 + a_2 b_3 - a_3 b_2 + a_4 b_1)^2.$$

$$(2)$$

要想验证这个恒等式并不困难，把等式两边各自都乘出来，再利用公式

$$(x_1 + x_2 + x_3 + x_4)^2$$

$$= x_1{}^2 + x_2{}^2 + x_3{}^2 + x_4{}^2 + 2x_1 x_2 + 2x_1 x_3 + 2x_2 x_3 + 2x_1 x_4 + 2x_2 x_4 + 2x_3 x_4.$$

就可以证出，只是麻烦一些，要细心一点。

由恒等式（2）可以得出：如有两个数，其中每个数都是四个平方数之和，则这两个数的乘积也是四个平方数之和。

早在 17 世纪，法国数学家费马就猜想：每个正整数都可以表示成最多是四个平方数之和。费马本人并没有给出证明。

18 世纪，法国数学家拉格朗日利用恒等式（2）对费马猜想给出了一个很出色的证明。使费马猜想变成了费马定理。

在费马定理的基础上，法国数学家刘维尔提出：每个正整数都可以表示成最多是 53 个四次方数之和。

├─ 代数滑稽戏

结论是荒谬的，推理又好像正确，这是诡辩题的特点。能不能指出推理中的错误，是对基本概念、基本方法是否掌握的考验。

诡辩题 1

证明：$1=2$.

证明：设 $a>0$，$b>0$，并且 $a=b$，

等式两边同乘以 a，得 $a^2=ab$，

等式两边同减去 b^2，得 $a^2-b^2=ab-b^2$，

分解因式，得 $(a+b)(a-b)=b(a-b)$，

等式两边同除以 $(a-b)$，得 $a+b=b$，

用 b 代 a，得 $2b=b$，

两边同除以 b，得 $2=1$.

错在哪里？

由于证明开始时设 $a=b$，那么 $a-b=0$。而在证明过程中又同用 $(a-b)$ 去除等式两端，相当于用 0 做除数，这是不允许的！

诡辩题 2

证明：$\dfrac{1}{8}>\dfrac{1}{4}$.

证明：显然 $3>2$，

两数同乘以 $\lg\dfrac{1}{2}$，得 $3\lg\dfrac{1}{2}>2\lg\dfrac{1}{2}$，

根据对数性质有 lg $(\frac{1}{2})^3$ > lg $(\frac{1}{2})^2$,

因此　　　　$(\frac{1}{2})^3$ > $(\frac{1}{2})^2$,

　　　　　　$\frac{1}{8}$ > $\frac{1}{4}$.

错在哪里?

由于 lg $\frac{1}{2}$ < 0, 根据不等式的性质, 用负数乘不等式两边, 不等号要改变方向。

诡辩题 3

证明: −1＝1.

证明: 显然 $(-1)^2 = 1^2$,

两边同时取对数, 得 lg $(-1)^2$ ＝ lg 1^2,

根据对数性质, 有 2lg (-1) ＝ 2lg1,

因此 −1＝1.

错在哪里?

由于"零和负数无对数", 因此把 lg $(-1)^2$ 变成 2lg (-1) 是不允许的。

诡辩题 4

推导: 7＝13.

解: 分式方程　$\frac{x+5}{x-7} - 5 = \frac{4x-40}{13-x}$,　　　　　(1)

左端通分, 得　$\frac{x+5-5(x-7)}{x-7} = \frac{4x-40}{13-x}$,

$$-\frac{4x-40}{x-7}=\frac{4x-40}{13-x},$$

$$\frac{4x-40}{7-x}=\frac{4x-40}{13-x}. \tag{2}$$

根据"如果两个分式相等而且有相等的分子，则它们也有相等的分母"，得

$$7-x=13-x,$$

$$即\ 7=13.$$

错在哪里？

"如果两个分式相等而且有相等的分子，则它们也有相等的分母"这一根据是错误的。比如 $\frac{0}{3}=\frac{0}{5}$，显然等式成立，而且分子相等，但是分母却不等。

正确的是"如果两个分数相等而且有相等的非零分子，则它们也有相等的分母"。分式方程（1）有根 $x=10$，将 $x=10$ 代入方程（2），得

$$\frac{4\times10-40}{7-10}=\frac{4\times10-40}{13-10},$$

$$\frac{0}{-3}=\frac{0}{3}.$$

尽管分母不等，由于分子都是零，两端还是相等的，但是，不能以此推出 $-3=3$ 来。

3. 方程博览会

├ 最古老的方程

《莱因特纸草书》是用古埃及的象形文字写成的。有这样一道题（该书的第 11 题）：

科学家对这道怪题进行了翻译：其 |, ||, ||| 表示 1, 2, 3，记号 ∩ 表示 10，那么 ∩∩∩ 就表示 30。30 下面再加七道 ∩∩∩，表示 37。因此最右边表示的是 37。符号 ✿ 表示 $\frac{2}{3}$，⊂ 表示 $\frac{1}{2}$，▦ 表示 $\frac{1}{7}$。

我们把这道用象形文字写的题，从左到右读一下：最左边的三个符号表示"未知数"和"乘法"，第五个符号小鸭子表示"加法"，第九个符号上半部有一个小人头，旁边写数字 1，表示"全体"。串联在一起就是

$$x\left(\frac{2}{3}+\frac{1}{2}+\frac{1}{7}+1\right)=37.$$

用现代代数语言来叙述是："有一个未知数，它的$\frac{2}{3}$，$\frac{1}{2}$，$\frac{1}{7}$和它本身一共是 37，问该未知数是多少？"

这是一道三千多年前的一元一次方程，可以说是目前已知的人类最古老的方程了。

这道古方程很容易解：

$$\frac{97}{42}x=37,$$

$$x=\frac{1554}{97}.$$

1893 年俄国收藏家哥连尼雪夫又得到一本古埃及的纸草书。这本纸草书于 1912 年转归莫斯科艺术博物馆保存，起名叫《莫斯科纸草书》。书中有 25 道题，其中有两道方程题。一道是："某长方形的面积为 12，其宽是长的$\frac{3}{4}$，求其长和宽。"如果设长为 x，则宽为$\frac{3}{4}x$。根据长方形面积公式，可得

$$\frac{3}{4}x\cdot x=12,$$

$$\frac{3}{4}x^2=12.$$

这是一个一元二次方程。

另一道题是："某直角三角形的一条直角边是另一条直角边的 $2\frac{1}{2}$ 倍，其面积为 20，求其两个直角边之长。"如果设一条直角边长为 x，则另一条直角边长为 $2\frac{1}{2}x$。根据直角三角形面积公式，可得

$$\frac{1}{2} \cdot 2\frac{1}{2}x \cdot x = 20,$$

$$\frac{1}{2} \cdot \frac{5}{2}x \cdot x = 20,$$

$$\frac{5}{4}x^2 = 20.$$

这也是一个一元二次方程。

《莱因特纸草书》和《莫斯科纸草书》表明，早在三千多年前，人们已经建立了初步的方程概念，并且提出了与一元一次方程和一元二次方程有关的问题。

├ 墓碑上的方程

古希腊的大数学家丢番图生活的年代距现在有两千年左右了。他对代数学的发展作出过巨大贡献。

1842 年，数学家内塞尔曼把代数学发展分为三个时期：①文字叙述代数。这个时期还没有出现代数符号，全靠文字叙述运算过程。②简化代数。这个时期，用缩写方法来简化文字叙述运算。③符号代数。其中第二个时期就

是从丢番图开始的，因此有人把丢番图称为"代数学的鼻祖"。

丢番图著有《算术》一书，共 13 卷，但是只有 6 卷保留下来了。从书中可以知道，丢番图用 P' 表示未知数，$\pitchfork$ 表示减法，I 表示等式。他已经从单纯的叙述转为借助符号，采用更简单的写法。这在代数发展史上是非常重要的一步。

但是，人们对于丢番图的生平知道得非常少。他唯一的简历是从《希腊文集》中找到的。这是由麦特罗尔写的丢番图的"墓志铭"。"墓志铭"是用诗歌形式写成的：

过路的人！

这儿埋葬着丢番图。

请计算下列数目，

便可知他一生经过了多少寒暑。

他一生的六分之一是幸福的童年，

十二分之一是无忧无虑的少年。

再过去一生的七分之一，

他建立了幸福的家庭。

五年后儿子出生，

不料儿子竟先其父四年而终，

只活到父亲岁数的一半。

晚年丧子老人真可怜，

悲痛之中度过了风烛残年。

请你算一算，丢番图活到多大，

才和死神见面？

可以用方程来解这个问题：

设丢番图共活了 x 岁，

童年 $\frac{x}{6}$，少年 $\frac{x}{12}$，过去 $\frac{x}{7}$ 年建立家庭，儿子活了 $\frac{x}{2}$，按题目条件可列出方程：

$$\frac{x}{6}+\frac{x}{12}+\frac{x}{7}+5+\frac{x}{2}+4=x.$$

这是一个一元一次方程，解得 $x=84$.

进一步解算可知丢番图 33 岁结婚，38 岁得子，80 岁丧子，本人活了 84 岁。

丢番图的《算术》中有解一元一次方程的一般方法。他说："如果方程两边遇到的未知数的幂相同，但是系数不同，那么应该由等量减去等量，直到得出含未知数的一项等于某个数为止。"丢番图的这段话相当于现在解方程中的移项。

丢番图的《算术》的另一个特点是，代数从几何形式下脱离出来独树一帜，使它成为数学中的一个分支。

《算术》一书的缺点是，除解一元一次方程外，解算其他问题时没有普遍适用的解法，是因题而异，一道题一种特殊解法。这样做固然显露出丢番图的数学才华，但是也降低了自身的科学价值。正如 19 世纪德国史学家韩克尔所说："近代数学家研究了丢番图 100 个题后，去解 101 道题，仍然感到困难。"

丢番图已经懂得负数运算的符号法则，他说："消耗数乘以消耗数得到增添数，消耗数乘以增添数得到消耗数。"这里的"消耗数"就是指负数，"增添数"指的是正数。这个法则相当于"负负得正，负正得负"。

├ 泥板上的方程

从 19 世纪开始，考古学家在巴比伦王国的遗址进行了挖掘，共挖出 50 万块写有文字的泥板，大的和一般教科书差不多大小，小的只有几平方厘米。在这 50 万块泥板中，大约有 300 块数学泥板。

经数学家研究，在这些泥板上刻有一些二次方程题和解法。例如有这样一道题："如果某正方形的面积减去其边长得870，问边长是多少?"

泥板上的解法是：取 1 的一半，得 $\frac{1}{2}$；以 $\frac{1}{2}$ 乘 $\frac{1}{2}$，得 $\frac{1}{4}$；把 $\frac{1}{4}$ 加在 870 上，得 $\frac{3481}{4}$，它是 $\frac{59}{2}$ 的平方，再加上 $\frac{1}{2}$，结果

是 30。

泥板上有好几道这种类型的题，古巴比伦人都是以相同的步骤来解的。这说明古巴比伦人已经掌握了一些特殊类型的二次方程的解法了。

这是些什么样的二次方程呢？特殊在哪儿呢？

以上面的题目为例：如果设正方形的边长为 x，那么正方形的面积就是 x^2。由"正方形的面积减去其边长得870"，可列出方程

$$x^2 - x = 870.$$

这种特殊二次方程就是

$$x^2 - px = q \text{ 或 } x^2 - px - q = 0,$$

根据古巴比伦人的解题步骤可以得出下式

$$x = \sqrt{(\frac{1}{2})^2 + 870} + \frac{1}{2},$$

对于 $x^2 - px = q$ 可以得到公式

$$x = \sqrt{(\frac{p}{2})^2 + q} + \frac{p}{2},$$

或写成
$$x = \frac{p + \sqrt{p^2 + 4q}}{2}. \tag{1}$$

对于一般一元二次方程 $ax^2 + bx + c = 0$（$a \neq 0$）来说有求根公式

$$x = \frac{-b \pm \sqrt{b^2 - 4ac}}{2a}. \tag{2}$$

对照（1）和（2）不难看出，古巴比伦人会解的是

$a=1$，$b=-p$，$c=-q$ 的特殊型二次方程。

我们不能不佩服古巴比伦人在 4000 年前就能掌握这种解法。这表明古巴比伦人具有很高的数学水平。

当二次方程的二次项系数不是 1 时，古巴比伦人也会解。他们使用类似现代代数中的换元法解此类方程。在发掘出的一块泥板上，有如下的方程：

$$11x^2+7x=195.$$

令 $y=11x$，然后将方程的两边同乘以 11，得

$$(11x)^2+7\cdot(11x)=195\times11,$$

$$y^2+7y=2145.$$

解这个二次项系数为 1 的方程，可以代入公式

$$y=\sqrt{(\frac{p}{2})^2+q}+\frac{p}{2}$$

$$=\sqrt{(-\frac{7}{2})^2+2145}-\frac{7}{2}$$

$$=\frac{\sqrt{8629}-7}{2},$$

$$x=\frac{\sqrt{8629}-7}{22}.$$

当然，古巴比伦人只会求正根。

《希腊文集》中的方程

《希腊文集》是一本用诗写成的问题集，主要是六韵脚

诗。荷马著名的长诗《伊利亚特》和《奥德赛》就是用这种诗体写成的。《希腊文集》在 10 世纪到 14 世纪特别流行。

《希腊文集》中有一道关于毕达哥拉斯的问题。毕达哥拉斯是古希腊著名数学家。他生活在公元前 6 世纪，早年留学埃及，也可能到过巴比伦和印度。后来他在意大利南部的克罗顿建立了一个秘密组织，形成"毕达哥拉斯学派"。这个学派对数学发展有重要贡献。有关毕达哥拉斯的问题是这样提的："尊敬的毕达哥拉斯，请告诉我，有多少名学生在你的学校里听你讲课？"

毕达哥拉斯回答说："一共有这么多学生在听课：其中 $\frac{1}{2}$ 在学习数学，$\frac{1}{4}$ 学习音乐，$\frac{1}{7}$ 沉默无言，此外，还有 3 名妇女。"

可以设听课的学生有 x 人，根据题目条件列出方程：

$$\frac{x}{2} + \frac{x}{4} + \frac{x}{7} + 3 = x.$$

这是一个一元一次方程。

移项

$$x - \frac{x}{2} - \frac{x}{4} - \frac{x}{7} = 3,$$

$$\frac{3}{28}x = 3,$$

$$x = 28.$$

毕达哥拉斯有 28 名学生。

《希腊文集》中还有许多神话形式的题目。比如：

"时间之神柯罗诺斯，请告诉我，今天已经过去多少时间了？"

柯罗诺斯回答说："现在剩余的时间等于已经过去的 $\frac{2}{3}$ 的两倍。"

古希腊人把一天分为 12 小段。如果我们还是按一天 24 小时来计算，此题可以这样解：

设过去的时间为 x 小时。由于剩余的时间等于已经过去的 $\frac{2}{3}$ 的两倍，所以剩余的时间为 $2\times\frac{2}{3}x$。可列方程

$$x+\frac{4}{3}x=24.$$

也是一元一次方程，解得 $\quad x=10\frac{2}{7}$.

今天已经过去 $10\frac{2}{7}$ 小时。

《希腊文集》中还有用童话形式写的题目。如"驴和骡子驮货物"这道题，曾被欧拉改编过，本书前面已有介绍，这里再用代数方法来解。

"驴和骡子驮着货物并排走在路上。驴不住地埋怨自己驮的货物太重，压得受不了。骡子对驴说：'你发什么牢骚啊！我驮的比你更重。倘若你的货给我一口袋，我驮的货就比你驮的重一倍；而我若给你一口袋，咱俩才驮得一样多。'驴和骡子各驮几口袋货物？"

可以用方程组来解：

设驴驮 x 口袋，骡子驮 y 口袋。

驴给骡子一口袋后，驴还剩 $x-1$，骡子成了 $y+1$，这时骡子驮的货物的重量是驴的二倍（重一倍），所以有

$$2(x-1)=y+1. \qquad (1)$$

又因为骡子给驴一口袋后，骡子还剩 $y-1$，驴成了 $x+1$，此时骡子和驴子驮的相等，有

$$x+1=y-1. \qquad (2)$$

联立（1）与（2），有

$$\begin{cases} 2(x-1)=y+1, \\ x+1=y-1 \end{cases}$$

这是一个二元一次方程组。

由（1）－（2）得

$$x-3=2,$$

$$x=5, \qquad (3)$$

将（3）代入（2），得　$y=7.$

驴原来驮 5 口袋，骡子原来驮 7 口袋。

├ 古印度方程

印度是世界文明古国之一，出现过许多优秀的数学家，12 世纪的婆什迦罗就是其中的一个。在他所著的《丽罗娃提》和《求根》中有许多可以用方程来解的有趣的数学问题。

先看蜂群问题：

"有一群蜜蜂，其半数的平方根飞向茉莉花丛，$\frac{8}{9}$留在家里，还有一只去寻找在荷花瓣里嗡嗡叫的雄蜂。这只雄蜂被荷花的香味所吸引，傍晚时由于花瓣合拢，飞不出去了。请告诉我，这群蜜蜂有多少只？"

如果设这群蜜蜂为 x 只的话，那么"其半数的平方根"就是 $\sqrt{\frac{x}{2}}$，会出现无理方程。

如果设这群蜜蜂为 $2x^2$ 只，则飞向茉莉花丛的就是 $\sqrt{\frac{2x^2}{2}}=x$ 只 $(x>0)$。留在家里的是 $\frac{8}{9}(2x^2)$ 只。一只雄蜂被困在花瓣里，另外一只蜂去寻找这只雄蜂，总共是两只蜜蜂。可以列出方程：

$$2x^2=x+\frac{16}{9}x^2+2.$$

整理，得一元二次方程

$$2x^2-9x-18=0.$$

用求根公式解得：

$$x=\frac{9\pm\sqrt{81+144}}{4}$$

$$=\frac{9\pm15}{4}.$$

只取正根 $x=6$，$\therefore\quad 2x^2=72.$

这群蜜蜂有 72 只。

再看两道有趣的猴群问题：

（1）"有一群猴子在小树林中玩耍：总数的 $\frac{1}{8}$ 的平方只猴子，在欢乐地蹦跳；还有 12 只猴子愉快地啼叫。小森林中的猴子，总共有多少？"

可以设这群猴子总共有 x 只，则可列出方程

$$(\frac{x}{8})^2 + 12 = x.$$

整理，得

$$x^2 - 64x + 768 = 0.$$

这是一个一元二次方程。

$$x = \frac{64 \pm \sqrt{64^2 - 4 \times 768}}{2}$$

$$= \frac{64 \pm 32}{2}.$$

$$x_1 = 48, \quad x_2 = 16.$$

此问题有两解，这群猴子可以是 48 只，也可以是 16 只。

（2）"有一群猴，它的 $\frac{1}{5}$ 再减去 3 之后的平方只猴躲在洞中，只留下一只在外面树上。求共有多少只猴。"

设共有 x 只猴子，则可列出方程

$$(\frac{x}{5} - 3)^2 + 1 = x.$$

整理，得

$$\left(\frac{x}{5}-3\right)^2-5\left(\frac{x}{5}-3\right)-14=0.$$

令 $y=\frac{x}{5}-3$，得

$$y^2-5y-14=0.$$

解得 $y_1=7$，$y_2=-2$。

即 $x_1=50$，$x_2=5$。婆什迦罗在结尾处指出"因为 $\frac{1}{5}\times$

5－3 为负数，故只有第一个根是适用的"。

这群猴子共 50 只。

婆什迦罗还出过一道著名的战争题材的方程题：

"在一次会战中，波利赫勇猛的儿子阿尔宗携带若干支箭去射卡尔诺：半数的箭用于自卫，总数平方根的四倍用于射马，6 支用于射车夫沙尔亚，3 支射破卡尔诺的华盖，毁坏了他的弓和旗，只有最后一支射穿了卡尔诺的头颅。阿尔宗共有多少支箭？"

从题目中就可以感觉到激烈的战斗场面。如果设阿尔

宗共有 x 支箭，那么：有 $\dfrac{x}{2}$ 支箭用于自卫；$4\sqrt{x}$ 支箭用于射马；6 支箭用于射车夫沙尔亚；3 支箭射破卡尔诺的华盖，毁坏了他的弓和旗；1 支箭射穿卡尔诺的头颅。

这样就能列出方程

$$\dfrac{x}{2}+4\sqrt{x}+6+3+1=x.$$

这是无理方程。

可以设 $\sqrt{x}=y$，则 $x=y^2$，原方程可化为

$$\dfrac{1}{2}y^2+4y+10=y^2,$$

整理，得　　　$y^2-8y-20=0.$

解得　　　　　$y_1=10,\ y_2=-2$（舍去）.

因此，可得　$x=y^2=100.$

阿尔宗一共带了 100 支箭。

以上我们一共举了 4 道方程题，这 4 道题都出自古印度数学家婆什迦罗之手。它们都是二次方程，都是根据"全体等于各部分之和"列出方程的。题目是有趣的，但是这些问题的面比较窄，只限于一种模式。这是古印度数学家研究方程的一个特点。

├ 小偷与方程

"小偷"是一个使人厌恶的名字。奇怪的是，从古到今

我们都能发现一些与小偷有关的数学题。

我国南宋大数学家秦九韶编著的《数书九章》中有一道题，译成白话文叙述如下：

"三个小偷从三个箩筐中各偷走一些米。三个箩筐原来装米量相等，事后发现，第一箩筐中余米 1 合，第二箩筐中余米 1 升 4 合，第三箩筐中余米 1 合。据三个小偷供认：甲用木勺从第一箩筐里舀米，每次都舀满装入口袋；乙用木盒从第二箩筐里舀米装袋每次都舀满；丙用大碗从第三箩筐里舀米，每次也都舀满。经测量，木勺容量为 1 升 9 合，木盒容量为 1 升 7 合，大碗容量为 1 升 2 合。问：每个小偷各偷米多少？"

这道题解起来并不很容易。可设 x 表示用木勺舀米的次数，y 表示用木盒舀米的次数，z 表示用大碗舀米的次数。

根据题意可以得到如下结果：

$$19x+1=17y+14=12z+1$$

由 $19x+1=12z+1$，得

$$19x=12z,$$

$$x=\frac{12}{19}z.$$

因为 x、y、z 都是整数，所以可设

$$z=19t,$$

$$x=12t,$$

这样一来　$17y=228t-13,$

$$y = \frac{228}{17}t - \frac{13}{17}.$$

令 t 分别取 1，2，3…直到 y 得整数为止，容易验证当 $t=14$ 时，$y=187$。

因此，$x=168$，$y=187$，$z=266$.

$19x=3192$，$17y=3179$，$12z=3192$.

即甲偷米 3 石 1 斗 9 升 2 合，乙偷米 3 石 1 斗 7 升 9 合，丙偷米 3 石 1 斗 9 升 2 合。

├ 牛顿与方程

阿基米德、牛顿、高斯被誉为历史上最伟大的三位数学家。牛顿是 17 世纪英国著名科学家。他和德国数学家莱布尼兹共同创立了微积分。他提出了牛顿三定律和万有引力定律。他对光学也有重大贡献。这位大数学家喜欢用方程解题。他不认为用方程详细地去解"文字题"会降低自己的身份。

牛顿说："要想解一个有关数目的问题，或者有关量的抽象关系的问题，只要把问题里的日常用语，译成代数语言就成了。"

列方程的过程就是把日常用语译成代数用语的过程。

比如："父子两人年龄的和是 58 岁。7 年后，父亲的年龄是儿子的 2 倍。求父亲和儿子的年龄。"设父亲年龄为 x 岁，则儿子年龄为 $(58-x)$ 岁。7 年后，儿子是 $[(58-x)+7]$ 岁，父亲是 $x+7$，而父亲又是儿子年龄的 2 倍，可列出等式：

$$x+7=2[(58-x)+7].$$

这最后一个等式，就是代数语言。解算代数语言就可以解答用日常用语提出来的问题，实际上就是解方程。

牛顿常常出一些方程问题，下面来看其中的两道题。这些题出自牛顿的名著《普通算术》。要说明的是，为便于理解，我们把长度和重量的单位都已改为现行通用单位。

"邮递员 A 和 B 相距 59 千米，相向而行。A 两小时走了 7 千米，B 三小时走了 8 千米，而 B 比 A 晚出发 1 小时，求 A 在遇到 B 前走了多少千米？"

设 A 在遇到 B 前走了 $x+\dfrac{7}{2}$ 千米，其中 $\dfrac{7}{2}$ 是 A 比 B 早出发 1 小时所走的路程。

此时 B 走了 $59-\left(x+\dfrac{7}{2}\right)=55\dfrac{1}{2}-x$ 千米.

两人相向而行，同时相遇，所用时间一样，可列出等式：

$$x\div\dfrac{7}{2}=\left(55\dfrac{1}{2}-x\right)\div\dfrac{8}{3}.$$

整理，得

$$\frac{37}{56}x = \frac{333}{16},$$

$$x = 31.5,$$

$$x + \frac{7}{2} = 35.$$

答：A 在遇到 B 前走了 35 千米。

上面是一道一元一次方程应用题，下面再看牛顿出的另一道题：

"某人买了 40 千克小麦，24 千克大麦，20 千克燕麦，共用 31.2 元。第二次用 32 元买了 26 千克小麦、30 千克大麦和 50 千克燕麦。第三次用 68 元又买了 24 千克小麦，120 千克大麦和 100 千克燕麦。问各种谷物每千克的价钱。"

可设小麦每千克 x 元，大麦每千克 y 元，燕麦每千克 z 元。可列出方程组：

$$\begin{cases}40x + 24y + 20z = 31.2, \\ 26x + 30y + 50z = 32, \\ 24x + 120y + 100z = 68.\end{cases}$$

化简系数，得

$$\begin{cases}10x + 6y + 5z = 7.8, & (1) \\ 13x + 15y + 25z = 16, & (2) \\ 12x + 60y + 50z = 34. & (3)\end{cases}$$

由 $2 \times$（2）$-$（3），得 $14x - 30y = -2$，　　　　(4)

由 $5 \times$（1）$-$（2），得 $37x + 15y = 23$，　　　　(5)

由 $2 \times$ （5）＋（4），得 $88x = 44$，$x = 0.5$。

将 $x = 0.5$ 代入（5），得 $15y = 4.5$，$y = 0.3$。

将 $x = 0.5$，$y = 0.3$ 代入（1），得 $z = 0.2$。

答：小麦每千克 0.5 元，大麦每千克 0.3 元，燕麦每千克 0.2 元。

以上是牛顿出题我们来解，下面来看牛顿自己解算的一道题，对我们很有启发。

"一个商人每月将自己的财产增加 $\frac{1}{3}$，但从中要花掉 100 元维持全家生计。经过三年，商人发现他的财产增加了一倍。问：商人最初有多少财产?"

牛顿一开始就进行了从日常用语到代数语言的翻译工作。牛顿说："为了解这个问题，应澄清问题中隐含的所有假定：

文字	代数符号
商人有财产	x
第一年花掉 100 元	$x - 100$
然后增加剩余的 $\frac{1}{3}$	$x - 100 + \dfrac{x-100}{3} = \dfrac{4x-400}{3}$
第二年又花掉 100 元	$\dfrac{4x-400}{3} - 100 = \dfrac{4x-700}{3}$
然后又增加剩余的 $\frac{1}{3}$	$\dfrac{4x-700}{3} + \dfrac{4x-700}{9} = \dfrac{16x-2800}{9}$

续表

文字	代数符号
第三年再花掉 100 元	$\dfrac{16x-2800}{9}-100=\dfrac{16x-3700}{9}$
然后再增加剩余的 $\dfrac{1}{3}$	$\dfrac{16x-3700}{9}+\dfrac{16x-3700}{27}=\dfrac{16x-14800}{27}$
此数等于最初财产的 2 倍	$\dfrac{16x-14800}{27}=2x$

于是问题归结为解方程

$$\frac{16x-14800}{27}=2x.$$

方程两端同乘 27，得 $64x-14800=54x$，

方程两端同减去 $54x$，得 $10x-14800=0$，

由此得 $x=1480$.

这就是商人最初的财产，即 1480 元。"

从牛顿解方程中，我们可以看到他是怎样一步一步把一个比较困难的问题，分步译成代数式，最后列出方程来的。

牛顿在《普通算术》一书中写道："在学习科学的时候，题目比规则还有用些。"牛顿在叙述理论的时候，总喜欢把许多实例放在一起。

下面介绍的是牛顿最著名的"牧场问题"。

"有三片牧场，场上的草是一样密的，而且长得一样快。它们的面积分别是 $3\dfrac{1}{3}$ 公顷、10 公顷和 24 公顷。第一

片牧场饲养 12 头牛可以维持 4 个星期；第二片牧场饲养 21 头牛可以维持 9 个星期。问在第三片牧场上饲养多少头牛恰好可以维持 18 个星期？"

牛顿是这样解的，他说："在青草不生长的条件下，如果 12 头牛 4 个星期吃完 $3\frac{1}{3}$ 公顷，则按比例 36 头牛 4 个星期之内，或 16 头牛 9 个星期之内，或 8 头牛 18 个星期之内将吃完 10 公顷。由于青草在生长，才有 21 头牛 9 个星期只吃完 10 公顷。这就是说，在随后 5 个星期内，10 公顷草地上新生的青草足够 $21-16=5$ 头牛吃 9 个星期，或足够 $\frac{5}{2}$ 头牛吃 18 个星期。由此类推，14 个星期（即 18 星期减最初 4 星期）内新生长的青草可供 7 头牛吃 18 个星期。这是因为 5 个星期：14 星期 $=\frac{5}{2}$ 头牛：7 头牛。上面已经算出，若青草不长，则 10 公顷草地可供 8 头牛吃 18 个星期，现考虑青草生长，故应加上 7 头，即 10 公顷草地实际可供 15 头牛吃 18 个星期。由此按比例可算出，24 公顷草地实际可供 36 头牛吃 18 个星期。"

牛顿是用比例算法来解的。此题可以用方程来解：

设 y 表示每公顷每星期新生长青草的份额，则第一片草地每星期新生青草为 $\frac{10}{3}y$，而 4 星期新生的青草为 $4\times\frac{10}{3}$ $y=\frac{40}{3}y$。因此，12 头牛在 4 星期内吃的青草所占面积为

$(\frac{10}{3}+\frac{40}{3}y)$ 公顷。由此可算出每头牛每星期吃的青草所占面积为：

$$\frac{\frac{10}{3}+\frac{40}{3}y}{12\times4}=\frac{10+40y}{144}\ (公顷).\qquad(1)$$

现在求供 21 头牛吃 9 个星期的草地面积。它等于 $10+90y$。因为每星期每公顷新生青草份额为 y，故 10 公顷草地 9 个星期新生青草为 $90y$。因此，可供 1 头牛 1 个星期的草地面积为：

$$\frac{10+90y}{9\times21}=\frac{10+90y}{189}\ (公顷).\qquad(2)$$

由于牛的食量相同，故有

$$\frac{10+40y}{144}=\frac{10+90y}{189}.$$

由此得出 $$y=\frac{1}{12}.$$

将 y 值代入（1）式可得每头牛 1 个星期吃的草地面积为：

$$\frac{10+40\times\frac{1}{12}}{144}=\frac{5}{54}\ (公顷).$$

令 x 表示第三块草地上牛的数目，可得方程：

$$\frac{24+24\times18\times\frac{1}{12}}{18x}=\frac{5}{54}.$$

解上面分式方程，得 $x=36$，即第三片草地可供 36 头牛吃 18 个星期。

├ 欧拉与方程

瑞士著名数学家欧拉，是 18 世纪最高产的数学家。他一生著述颇丰。59 岁时双目失明，他凭惊人的记忆力和心算能力，一直没有间断研究，坚持长达 17 年之久。

欧拉非常重视方程，他写的《代数学原理》有许多关于方程的重要论述。下面看几道欧拉出的方程题。

"某人用 100 元买了猪、山羊和绵羊共 100 只，其中猪 $\frac{7}{2}$ 元一只，山羊 $\frac{4}{3}$ 元一只，绵羊 $\frac{1}{2}$ 元一只。问各买了多少只？"

这道题和我国《张丘建算经》中的"百鸡问题"很相似，但晚了 1000 多年。

欧拉解这道题用的方法叫作"盲人法则"。这个"盲人法则"与张丘建解"百鸡问题"的方法很相似。

欧拉设 x，y，z 分别是猪、山羊、绵羊的数目，它们都是正整数。

先写出总只数，再写出总钱数，可得方程组：
$$\begin{cases} x+y+z=100, \\ 21x+8y+3z=600. \end{cases}$$

把 x 暂时看作常数移到符号右端，可得关于 y 和 z 的方程组：
$$\begin{cases} y+z=100-x, & (1) \\ 8y+3z=600-21x. & (2) \end{cases}$$

由 (2) $-3\times$ (1)，得 $5y=300-18x$，
$$y=60-\frac{18}{5}x.$$

由 $8\times$ (1) $-$ (2)，得 $5z=200+13x$，
$$z=40+\frac{13}{5}x.$$

令 $x=5t$，则
$$x=5t,\ y=60-18t,\ z=40+13t.$$

由 $y=60-18t$ 中对 t 的限制，t 只能取 1，2，3 三个值。可得三组解：猪 5 只，山羊 42 只，绵羊 53 只；猪 10 只，山羊 24 只，绵羊 66 只；猪 15 只，山羊 6 只，绵羊 79 只。

欧拉喜欢出分遗产的问题，题目十分有趣。

"父亲死后留下 1600 元给三个儿子。遗嘱上说，老大

应比老二多分 200 元，老二应比老三多分 100 元，问他们各分了多少？"

解这道题时，可以设分得最少的老三得 x 元，则老二得 $x+100$ 元，老大得 $(x+100)+200$ 元。他们一共分 1600 元，可列出方程：

$$x+(x+100)+[(x+100)+200]=1600.$$

整理，得　　　$3x=1200$,

$$x=400，x+100=500，x+300=700.$$

答：老大分得 700 元，老二分得 500 元，老三分得 400 元。

第二题："父亲死后，四个儿子按下述方式分了他的财产：

老大拿了财产的一半少 3000 英镑；

老二拿了财产的 $\frac{1}{3}$ 少 1000 英镑；

老三拿的恰好是财产的 $\frac{1}{4}$；

老四拿了财产的 $\frac{1}{5}$ 加上 600 英镑。

问整个财产有多少？每个儿子分了多少？"

可以设整个财产为 x 英镑，则

老大拿了 $\dfrac{x}{2}-3000$；老二拿了 $\dfrac{x}{3}-1000$；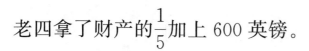

老三拿了 $\frac{x}{4}$；老四拿了 $\frac{x}{5}+600$。

合在一起恰好等于总财产 x，可得方程：

$(\frac{x}{2}-3000)+(\frac{x}{3}-1000)+\frac{x}{4}+(\frac{x}{5}+600)=x.$

整理，得

$$\frac{17}{60}x=3400,$$

$$x=12000.$$

$$\frac{x}{2}-3000=3000,\ \frac{x}{3}-1000=3000,$$

$$\frac{x}{4}=3000,\ \frac{x}{5}+600=3000.$$

答：总财产为 12000 英镑，四个儿子分得一样多，各为 3000 英镑。

第三题："父亲给孩子们留下了遗产，他们按下列方式分配财产：

第一个孩子分得 100 元和剩下的 $\frac{1}{10}$；

第二个孩子分得 200 元和剩下的 $\frac{1}{10}$；

第三个孩子分得 300 元和剩下的 $\frac{1}{10}$；

第四个孩子分得 400 元和剩下的 $\frac{1}{10}$，如此下去，最后发现所有的孩子分得的遗产相等。问财产总数、孩子数和每个孩子得到的遗产数各是多少?"

可以设每个儿子分得 x 元,遗产总共有 y 元。则

第一个儿子分得 $x=100+\dfrac{y-100}{10}$;

第二个儿子分得 $x=200+\dfrac{y-x-200}{10}$;

第三个儿子分得 $x=300+\dfrac{y-2x-300}{10}$,依此类推。

因为第一个儿子与第二个儿子分得遗产数一样多,就有

$$100+\frac{y-100}{10}=200+\frac{y-x-200}{10},$$

整理,得

$$100-\frac{x+100}{10}=0,$$

解得 $\qquad\qquad x=900.$

将 $x=900$ 代入第一个方程中,得

$$y=8100.$$

答:老人有 8100 元遗产,9 个儿子,每个儿子分得 900 元。

├ 爱因斯坦与方程

世界科学史上的巨人、"20 世纪的牛顿"、著名物理学家爱因斯坦也喜爱解方程,他这样生动地比喻了解方程的

过程："代数嘛，就像打猎一样有趣。那藏在树林里的野兽，你把它叫作 x，然后一步步地逼近它，直到把它逮住！"

有一次爱因斯坦病了，他的一位朋友给他出了一道题作消遣："如果时钟上的针指向 12 点钟，在这个位置把长针和短针对调一下，它们所指示的位置还是合理的。但是有的时候，比如在 6 点钟，时针和分针就不能对调，否则会出现时针指 12 点，而分针指 6 点，这种情况是不可能的。问时针和分针在什么位置时，它们可以互相对调，并仍能指示某一实际可能的时刻？"

爱因斯坦想了一下说："这对于病人确实是一个很有意思的问题，有趣味而又不太容易。只是消磨不了多少时间，我已经快解出来了。"

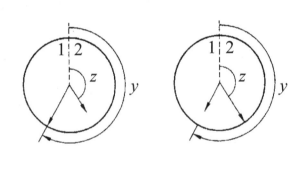

钟盘上共有 60 个刻度，分针运转的速度是时针的 12 倍。

爱因斯坦画了个草图。设所求的钟针位置是在 x 点 y 分，此时分针在离 12 点有 y 个刻度的位置，时针在离 12 点有 z 个刻度的地方。

时针走一点钟，分针要转一圈，也就是要转 60 个刻度。如果时针指向 x 点钟，分针要转 x 圈，要转过 $60x$ 个刻度。现在时针指在 x 点 y 分，分针从 12 点起已转过了

$60x+y$ 个刻度。由于时针运转速度是分针的十二分之一，所以时针转过的刻度是

$$z=\frac{60x+y}{12}.$$

把时针、分针对调以后，设所指时刻为 x_1 点 z 分，这时时针离 12 点有 y 个刻度

$$y=\frac{60x_1+z}{12}.$$

这样就得到了一组不定方程组：

$$\begin{cases} z=\dfrac{60x+y}{12} \\[2mm] y=\dfrac{60x_1+z}{12} \end{cases}$$

其中 x 和 x_1 是不大于 11 的正整数或 0。

分别让 x_1 和 x 取 0 到 11 的各种数值时，可以搭配出 144 组解。但是当 $x=0$，$x_1=0$ 时是时针、分针同时指向 12 点；而 $x=11$，$x_1=11$ 时算出 $y=60$，$z=60$ 是 11 点 60 分，即 12 点。这样一来，$x=0$，$x_1=0$ 与 $x=11$，$x_1=11$ 是同一组解。因此，这组不定方程只有 143 组解。

比如，当 $x=1$，$x_1=1$ 时，解出 $y=5\frac{5}{11}$，$z=5\frac{5}{11}$，说明 1 点 $5\frac{5}{11}$ 分时，两针重合，可以对调；当 $x=2$，$x_1=3$ 时，解出 $y=15\frac{135}{143}$，$z=11\frac{47}{143}$，就是说 2 点 $15\frac{135}{143}$ 分与

3 点 $11\frac{47}{143}$ 分时，两针可以对调。

爱因斯坦的朋友十分佩服他灵活使用方程的能力。

┠ 丞相买鸡与不定方程

《张丘建算经》是我国南北朝时期写成的一本数学书，距现在有 1500 多年了。张丘建生平不详。

《张丘建算经》共有 92 个问题，其中有一道著名的"百鸡问题"：

"今有鸡翁一，直钱五；鸡母一，直钱三；鸡雏三，直钱一。凡百钱买鸡百只。问鸡翁、母雏各几何。"

用现代的语言来说就是：公鸡五文钱一只，母鸡三文钱一只，小鸡一文钱三只。今想用一百文钱买一百只鸡，问买公鸡、母鸡、小鸡各多少只？"

关于这道百鸡问题，还有一个传说：当时有位丞相，听说张丘建擅长计算，想考一考他。一天，他命人把张丘建的父亲召到府中，给他 100 文钱到市场去买公鸡、母鸡和小鸡共 100 只。当时市场上鸡的价格是：公鸡每只五文钱，母鸡每只三文钱，小鸡三只卖一文钱。这一下可难住了老人，这 100 只鸡如何买法呢？

老人回到家对张丘建说了一遍，张丘建让他父亲到市场上买 4 只公鸡、18 只母鸡、78 只小鸡送给丞相。老人如数办了。丞相一算，恰好是 100 文钱买了 100 只鸡。丞相很高兴，于是又拿出 100 文钱，让老人再去买 100 只鸡，但是公鸡、母鸡和小鸡数要和上次不一样。老人想，这次恐怕办不到了。张丘建算了一下，让他父亲到市场去买 8 只公鸡、11 只母鸡、81 只小鸡，拿去见丞相。丞相一算，又恰好是 100 文钱买了 100 只鸡。

丞相把张丘建召进府内进行面试。丞相再拿出 100 文钱命张丘建去买 100 只鸡，要求公鸡数、母鸡数和小鸡数与他父亲前两次买的又不一样。张丘建很快从市场上买来了 12 只公鸡、4 只母鸡和 84 只小鸡交给了丞相。丞相一算，又是 100 文钱恰好买了 100 只鸡。丞相非常佩服张丘建的计算能力。

上面仅是一个民间流传的故事。如果用代数方法又应该怎样解这道百鸡问题呢？

可以设公鸡为 x 只，母鸡为 y 只，小鸡为 z 只。由题目所给的条件可列出方程组：

$$\begin{cases} x+y+z=100, \\ 5x+3y+\dfrac{1}{3}z=100. \end{cases}$$

这个方程组有点特殊，未知数有三个，方程却只有两个，数学上把未知数个数多于方程个数的方程或方程组叫"不定方程"。

"百鸡问题"就是一道不定方程。解不定方程时，可以把其中一个未知数移到方程的右端，得

$$\begin{cases} x+y=100-z, \\ 5x+3y=100-\dfrac{1}{3}z \end{cases}$$

再给 z 一些合适的值。比如令 $z=78$，由方程组

$$\begin{cases} x+y=22, \\ 5x+3y=74. \end{cases}$$

可以解得 $x=4$，$y=18$。也就是说用 100 文钱可以买 4 只公鸡、18 只母鸡、78 只小鸡，这正是张丘建父亲第一次买回来的鸡数。

如果令 $z=81$，可得方程组

$$\begin{cases} x+y=19, \\ 5x+3y=73. \end{cases}$$

解得 $x=8$，$y=11$，即 8 只公鸡，11 只母鸡，81 只小鸡。这正是张丘建父亲第二次买回来的鸡数。

如果令 $z=84$，可解得 $x=12$，$y=4$，即 12 只公鸡、4 只母鸡和 84 只小鸡，这正是张丘建自己买回来的鸡数。

一般来说，不定方程有无穷多组解。但是对于实际问题，往往只有几组解，比如在"百鸡问题"中 z 值就不能随便给。当我们把 z 的值取得小于 78 或大于 84 时，鸡数就出现负数了；当我们取 78～84 之间的其他数时，鸡数会出现分数，在实际问题中这都是不允许的。

"百鸡问题"在我国民间流传很广，后来又演变出"和尚吃馒头问题"：有一百个和尚，有一百个馒头。大和尚一人吃三个馒头，中和尚一人吃一个馒头，小和尚三人吃一

个馒头，正好把馒头吃完，求大和尚、中和尚和小和尚各
有多少。

　　还演变出"马拉砖问题"：一百匹马拉一百块砖，大马
一匹拉三块，中马一匹拉一块，小马三匹共拉一块，正好
一次拉完。求大马、中马、小马各多少匹。

　　《张丘建算经》中正确地给出了百鸡问题的三组解。张
丘建是世界上第一个给出一题多解的人。张丘建解算"百
鸡问题"的方法也是简单、先进的。书中只有 15 个字的
解法：

　　"鸡翁每增四，鸡母每减七，鸡雏每益三，即得。"
　　这个解法怎么来的呢？
　　原来张丘建解不定方程时，先把 x 看成常数，这样
可得

$$\begin{cases} y+z=100-x, \\ 3y+\dfrac{1}{3}z=100-5x. \end{cases}$$

　　解出

$$\begin{cases} y=25-\dfrac{7}{4}x, \\ z=75+\dfrac{3}{4}x. \end{cases}$$

　　为了得到整数解，令 $x=4t$，可得一组解：

$x=4t$，$y=25-7t$，$z=75+3t$.

　　当 $t=1$，2，3 时，就得到上述的三组解，而且 t 每增

加 1 时，有"鸡翁每增四，鸡母每减七，鸡雏每益三"。

据说我国古代有个皇帝也曾编了个"百牛问题"来考某大臣："有银子一百两，共买牛一百头。大牛每头价是十两，小牛每头价是五两，牛犊每头价是半两。问买的一百头牛中，大牛、小牛、牛犊各有几头？"

皇帝把"百牛问题"交给了某大臣，该大臣做了半天也做不出来，只好带回家，结果被他儿子给做出来了。

对歌中的方程

电影《刘三姐》中，秀才和刘三姐对歌的场面十分精彩。

地主莫怀仁请来三个秀才，同刘三姐和乡亲们对歌，想压倒刘三姐。陶秀才和李秀才相继被斗败了。这时，罗秀才急忙拿出书来，摇头晃脑地唱道："三百条狗交给你，一少三多四下分，不要双数要单数，看你怎样分得均？"

刘三姐示意舟妹来答。舟妹唱道："九十九条打猎去，九十九条看羊来，九十九条守门口，剩下三条财主请来当奴才。"答得绝妙！

罗秀才出的是一道数学题，题目是："把三百条狗分成四群，每群的条数是单数，一群少，三群多，数量多的三群要求条数同样多，问如何分法？"

可以用方程来解。设三群多的每群狗有 x 条，少的一群有狗 y 条，可列出方程

$$3x + y = 300. \tag{1}$$

其中 $0 < y < x < 300$，x 与 y 取奇数。

一个方程有两个未知数，这是一个不定方程。移项，得

$$x = 100 - \frac{1}{3}y.$$

因为 x 必须是正奇数，因此 $\frac{1}{3}y$ 是小于 100 的正奇数.

可设 $y = 3t$，得 $x = 100 - t$，其中 t 是小于 100 的正奇数。

可得如下形式的解：

$$\begin{cases} x = 100 - t, \\ y = 3t. \end{cases} \qquad (t \text{ 是小于 100 的正奇数}) \tag{2}$$

再利用条件 $0 < y < x < 100$，x 与 y 为奇数，可得

$$0 < 3t < 100 - t < 100,$$
$$0 < t < 25 \ (t \text{ 为奇数}).$$

t 可取的值为 1，3，5，7，9，11，13，15，17，19，21，23，共 12 个奇数。

将 t 值代入方程（2）可得 12 组解：

$$\begin{cases} x = 99, \\ y = 3 \end{cases}; \begin{cases} x = 97, \\ y = 9 \end{cases}; \begin{cases} x = 95, \\ y = 15 \end{cases}; \begin{cases} x = 93, \\ y = 21 \end{cases};$$

$$\begin{cases} x = 91, \\ y = 27 \end{cases}; \begin{cases} x = 89, \\ y = 33 \end{cases}; \begin{cases} x = 87, \\ y = 39 \end{cases}; \begin{cases} x = 85, \\ y = 45 \end{cases};$$

$$\begin{cases} x = 83, \\ y = 51 \end{cases}; \begin{cases} x = 81, \\ y = 57 \end{cases}; \begin{cases} x = 79, \\ y = 63 \end{cases}; \begin{cases} x = 77, \\ y = 69 \end{cases}.$$

舟妹回答的只是第一组解：$x=99$，$y=3$。

├ 收粮食和量井深

"方程"一词最早见于我国的《九章算术》。不过,《九章算术》中所说的"方程"与现在的方程含义不同,它不是指那种含有未知数的等式,而是由一些数字排列成的长方形阵。《九章算术》中已经出现了多元一次方程组,解方程组时用算筹,将方程组的系数和常数项摆成长方形阵,然后再解。下面以《九章算术》中"方程"章的第一题为例来说明:

"今有上禾三秉,中禾二秉,下禾一秉,实三十九斗;上禾二秉,中禾三秉,下禾一秉,实三十四斗;上禾一秉,中禾二秉,下禾三秉,实二十六斗。问上、中、下禾实一秉各几何?"

这里"禾"是庄稼,"秉"是捆,"实"是粮食。用现代语言来说:

"今有上等庄稼三捆,中等庄稼二捆,下等庄稼一捆,收粮食三十九斗;上等庄稼二捆,中等庄稼三捆,下等庄稼一捆,收粮食三十四斗;上等庄稼一捆,中等庄稼二捆,下等庄稼三捆,收粮食二十六斗。问上、中、下等庄稼每一捆各收粮食多少?"

古代解这个问题时,先画一个方框,第一行写上禾的捆数,第二、第三行分别写中禾和下禾的捆数,最下面一

行写粮食数。每一列代表一个方程的系数和常数项，次序是从右往左写。这就是一个方阵。用现代符号来写就是

$$\begin{cases} 3x+2y+z=39, & (1) \\ 2x+3y+z=34, & (2) \\ x+2y+3z=26. & (3) \end{cases}$$

按《九章算术》的解法"以右行上禾遍乘中行，而以直除"，意思是说用（1）式中 x 的系数 3 去乘（2）的各项，得

$$6x+9y+3z=102. \qquad (4)$$

由（4）累减（1）式两次，有

$$5y+z=24. \qquad (5)$$

再用 $3\times$（3），得

$$3x+6y+9z=78. \qquad (6)$$

由（6）减（1）一次，有

$$4y+8z=39. \qquad (7)$$

同样办法用于（5）和（7），消去 y，有 $z=2\dfrac{3}{4}$（斗）。

然后求得 $y=4\dfrac{1}{4}$（斗），$x=9\dfrac{1}{4}$（斗）。

《九章算术》中的解法相当于现在的加减消元法，但是它不是把对应项系数互乘，而只是对一个方程乘，然后一次一次地减，这种方法就叫"直除"。它比现在的加减消元法要麻烦一些。

我国古代在解方程组方面表现出很高的水平，不但会解一般方程组，还会解不定方程组。下面以《九章算术》中"五家共井"为例（今译）：

"今有甲、乙、丙、丁、戊五家共用一口水井，不知井有多深。各家都有提水用的绳子，但都不够长。甲家的两条（同样长，下同）和乙家的一条接起来正好够用；乙家的三条和丙家的一条接起来正好够用；丙家的四条和丁家的一条接起来正好够

用；丁家的五条与戊家的一条接起来正好够用；戊家的六条与甲家的一条接起来也正好够用，问井深和各家一条绳子的长。"

这是一道很有趣的题。假设甲、乙、丙、丁、戊各家的每条绳长分别为 x，y，z，u，v，井深为 a，则有

$$\begin{cases} 2x+y=a, \\ 3y+z=a, \\ 4z+u=a, \\ 5u+v=a, \\ 6v+x=a. \end{cases}$$

这里五个方程有六个未知数，是不定方程组，是世界上最早的不定方程组。《九章算术》中只给了一组解：$a=721$ 寸，$x=265$ 寸，$y=191$ 寸，$z=148$ 寸，$u=129$ 寸，

$v = 76$ 寸。

我国三国时期的数学家刘徽给出了这个不定方程的一般解

$$\frac{x}{a} = \frac{265}{721}, \frac{y}{a} = \frac{191}{721}, \frac{z}{a} = \frac{148}{721} \cdots \frac{v}{a} = \frac{76}{721}.$$

只要符合这个比例，未知数可以取无穷多值。

├ 解三次方程的一场争斗

他的名字叫"结巴"

一元二次方程的解法人们比较早就掌握了，但是如何解一元三次方程和一元四次方程，一直到 16 世纪才解决。并且，从解决三次方程开始就进行着一场争斗，争斗的双方是意大利数学家塔塔利亚和比他小两岁的另一名意大利数学家卡尔达诺。

塔塔利亚本名叫尼科罗，出生在意大利布雷西亚一个马夫家里。1506 年，法国军队打进布雷西亚，尼科罗才七岁。他父亲背着他躲进教堂，心想同样信仰天主教的法国士兵不会在圣母像面前杀人。谁想到，法国骑兵冲进教堂，见人就砍。等尼科罗的妈妈到教堂去找他们时，发现尼科罗的父亲已经死了，尼科罗也被砍了三刀，牙床被砍碎。妈妈把他抱回家，没钱买药，就学猫和狗的样子，给他舔伤，他居然好了，但是成了结巴。意大利语"塔塔利亚"

就是"结巴"的意思。后来,人们都把他叫"塔塔利亚",尼科罗这个名字反倒没人叫了。

塔塔利亚家里很穷,但他十分好学。没钱买纸和笔,他就捡些小白石条在父亲的青石墓碑上写算。由于他刻苦自学,不到 30 岁就当上了威尼斯大学的数学教授。

解三次方程的比赛

在塔塔利亚任威尼斯大学数学教授期间,有许多人向他求教数学问题,其中就有三次方程。当时,三次方程是最困难的数学问题,谁也没公开声明说自己会解三次方程,数学书上也没有三次方程的解法。塔塔利亚通过努力,找出一个解不完备三次方程的方法,他对朋友说他已经会解三次方程了。

塔塔利亚会解三次方程的消息传到了波隆那大学教授菲奥里的耳朵里。菲奥里不信,他认为只有他才会解三次方程,因为菲奥里的老师费罗曾把解三次方程的方法秘密传授给他。因此,菲奥里声明只有他才会解三次方程。塔塔利亚年轻好胜,一气之下向菲奥里提出挑战,两人约定1535 年 2 月 22 日在米兰的圣玛利亚大教堂进行公开比赛。

当时意大利盛行数学争辩的风气,争辩双方各带 30 道题,在公证人面前交换题目,规定 50 天为期,谁解出的题多,谁就胜利。

由于塔塔利亚只会解特殊的三次方程,而又知道菲奥里真会解三次方程,塔塔利亚心里十分后悔。他知道比赛

那天，菲奥里一定会出三
次方程题来考他。怎么办？
塔塔利亚为了获得三次方
程更一般的解法，常常彻
夜不眠。直到比赛前 10
天，才得出比较好的一般
解法。

2 月 22 日比赛正式开
始，果然不出塔塔利亚所料，菲奥里一连出了 30 道三次方
程问题，其中包括如下三次方程：

$$x^3+9x^2=100, \qquad x^3+3x^2=2,$$
$$x^3+4=5x^2, \qquad x^3+6=7x^2.$$

由于塔塔利亚事先有准备，在两个小时内把题全部解
出来了。而塔塔利亚出的 30 道几何代数题，菲奥里却一道
也没做出来。比赛结果，塔塔利亚大获全胜，被米兰人民
当作英雄看待。许多人向塔塔利亚求教三次方程的解法，
他却只字不漏。其实，他当时解三次方程的方法仍不完备，
直到 1541 年才获得了比较完备的解法。他想把这个解法将
来收进自己的著作中。

骗走了解法

塔塔利亚与菲奥里比赛获胜的消息不胫而走，传到了
意大利数学家卡尔达诺的耳朵里。卡尔达诺正在写《大法》
一书，他非常想把解三次方程这个最新数学成果编进自己

的书里。卡尔达诺身为数学家，却有一些不良作风，比如好赌博，常给人家算命，还常常说假话。

卡尔达诺找到塔塔利亚，要塔塔利亚把三次方程的解法告诉给他。当然，塔塔利亚是不会轻易告诉他的。卡尔达诺死缠着塔塔利亚不放，发誓不会把解三次方程的方法泄露出去。塔塔利亚被他缠得没有办法，把解法写成一首

语言很难懂的诗给了卡尔达诺。卡尔达诺很快就把解法弄清楚了，并且把这个解法写入自己的《大法》一书中，此书于1545年在纽伦堡出版。后来，人们就把解三次方程的公式叫"卡尔达诺公式"。

卡尔达诺的失信行为激怒了塔塔利亚。塔塔利亚向卡尔达诺提出挑战，约定于1545年8月10日仍在米兰市的圣玛利亚教堂进行公开辩论。可是到了约定时间，卡尔达诺只派了自己的学生和仆人费拉里出席。费拉里带着一群亲朋好友来到圣玛利亚教堂，等塔塔利亚进行辩论时一起起哄，使塔塔利亚辩论不下去。塔塔利亚看到无法辩论下去，就离开了米兰，而卡尔达诺却宣布辩论的结果是他获胜。

三次方程的解法

究竟怎样解三次方程呢?

卡尔达诺在《大法》一书中,首先给出了缺二次项,而三次项系数为 1 的特殊三次方程的解法:

$$x^3 + mx = n. \tag{1}$$

考虑恒等式

$$(a-b)^3 + 3ab\ (a-b) = a^3 - b^3. \tag{2}$$

如果选取 a 和 b,使得

$$3ab = m, \quad a^3 - b^3 = n. \tag{3}$$

那么方程 (1) 中的 x 就相当于 (2) 式中的 $a-b$。

可以从方程组 (3) 中解出 a 和 b 来:

$$\begin{cases} a^3 - b^3 = n, & (4) \\ 3ab = m. & (5) \end{cases}$$

(4) 的平方 $+4\ \left[\dfrac{(5)}{3}\right]$ 的立方, 得

$$(a^3 - b^3)^2 + 4a^3b^3 = n^2 + 4\ (\dfrac{m}{3})^3,$$

$$(a^3 + b^3)^2 = 4\ \left[\ (\dfrac{n}{2})^2 + \ (\dfrac{m}{3})^3\right],$$

$$a^3 + b^3 = 2\sqrt{(\dfrac{n}{2})^2 + \ (\dfrac{m}{3})^3}. \tag{6}$$

由 $\left[\ (4)\ +\ (6)\ \right] \div 2$, 得

$$a^3 = \dfrac{n}{2} + \sqrt{(\dfrac{n}{2})^2 + \ (\dfrac{m}{3})^3},$$

$$a = \sqrt[3]{\frac{n}{2} + \sqrt{\left(\frac{n}{2}\right)^2 + \left(\frac{m}{3}\right)^3}}.$$

同样可得 $\quad b = \sqrt[3]{-\frac{n}{2} + \sqrt{\left(\frac{n}{2}\right)^2 + \left(\frac{m}{3}\right)^3}}.$

$$\therefore \quad x = a - b = \sqrt[3]{\frac{n}{2} + \sqrt{\left(\frac{n}{2}\right)^2 + \left(\frac{m}{3}\right)^3}} -$$

$$\sqrt[3]{-\frac{n}{2} + \sqrt{\left(\frac{n}{2}\right)^2 + \left(\frac{m}{3}\right)^3}}.$$

得到了三次方程的一个根。

如果所遇到的三次方程是一般的，即

$$ax^3 + bx^3 + cx + d = 0 \quad (a \neq 0).$$

又该怎样解呢？

可以利用变换 $x = z - \dfrac{b}{3a}$，把上述方程变成为特殊

形式

$$z^3 + 3hz + g = 0.$$

这样就好解了。

后来，卡尔达诺的学生和仆人费拉里解决了用公式法解一元四次方程。数学史家伊夫斯称三次方程和四次方程的解决是"16 世纪最壮观的数学成就"。

阿贝尔与五次方程

在挪威首都奥斯陆的皇家公园里竖立着一位年轻人的

塑像，他就是 19 世纪挪威著名数学家阿贝尔。

阿贝尔出生在一个穷牧师家里，有 7 个兄弟姊妹。小时候阿贝尔跟着父亲学文化，一直到 13 岁才有机会到一所天主教学校靠一点奖学金读书。

教数学的老师是个酒徒，教学枯燥无味，还经常体罚学生。在学生和家长的抗议下，后来换了年轻的大学助教洪堡来教数学。洪堡是著名天文学家汉斯廷的助教，学识渊博。他采用灵活、新颖的教学方法，尽量发挥学生的独立解题能力，并经常出一些有趣的数学问题叫学生演算。

在洪堡老师的教育下，阿贝尔深深地爱上了数学。他常能解出一般同学解不出来的难题。洪堡对阿贝尔的评语是"一个优秀的数学天才"。阿贝尔沉迷于数学之中，他一头钻进图书馆找牛顿和达朗贝尔的书来读，把自己研究的一些收获记在一个大笔记本中。据洪堡后来回忆说："阿贝尔以惊人的热情和速度向数学这门科学进军。在短时间内他学了大部分初等数学。在他的要求下，我单独给他讲授高等数学。过了不久，他就自己读法国数学家泊松的作品，读数学家高斯的书，特别是拉格朗日的书。他已经开始研究几门数学分支了。"阿贝尔 16 岁时发现数学家欧拉对二项式定理只证明了有理指数的情形，于是他给出了一般情况都成立的证明。

在学校里，阿贝尔和同学相处得很好，他并不因为数学教师对他的赞扬而傲视其他同学。由于营养不良，他面色苍白；由于贫穷，他衣服破烂得像个穷裁缝，同学们给他起了个外号叫"裁缝阿贝尔"。

自从 16 世纪意大利数学家找到了解一元三次方程和一元四次方程的方法后，人们一直在寻求一元五次方程的解法。可是经历了 300 年的探索，没有一个数学家能够解决这个问题。

一次，阿贝尔听洪堡讲，解五次方程是当前数学上悬而未决的难题。数学家想按照解二次方程那样用求根公式，通过有限次的加、减、乘、除及开方运算，用方程的系数来表示五次方程的根，但是一直没有成功。

阿贝尔暗下决心，一定要解决五次方程求根的难题。经过一番考虑之后，阿贝尔写出了一篇解五次方程的论文送交洪堡。洪堡看了半天也没有看懂，只好寄给自己的老师汉斯廷教授。汉斯廷教授也没看懂，又转给丹麦著名数学家达根。达根没有看出阿贝尔的文章有什么错误，但是达根考虑：以前那么多大数学家都没能解决的数学难题，不可能就这么简单地解决了。透过阿贝尔的论文，达根发现阿贝尔是个很有数学才能的人。达根给阿贝尔回信，建议他用实际例子来验证自己的方法。通过验证，阿贝尔发现了自己文章中的错误。

失败激励着阿贝尔去更深入地考虑这个问题。正当他发奋研究五次方程解法的时候，他父亲去世了，家境变得更加贫穷。洪堡希望阿贝尔上大学，他与教授和朋友们一起筹钱供阿贝尔读书，让他免费住宿。由于弟弟年小无人照顾，大学还特别准许阿贝尔带着他弟弟住在学校里，一边读大学一边照料弟弟。

贫穷、劳累都没能动摇阿贝尔探索数学奥秘的决心。他一边学习一边研究，一连在汉斯廷创办的科学杂志上发表了几篇很有价值的数学论文，受到数学界的重视。在此基础上，阿贝尔又继续猛攻五次方程的求解问题。

首先，阿贝尔成功地证明了下面的定理："可以用根式求解的方程，它的根的表达式中出现的每一个根式，都可以表示成该方程的根和某些单位根的有理函数。"举个简单的例子：比如二次方程 $x^2+bx+c=0$ 是可以用根式求解的。它的根的表达式

$$x=\frac{-b\pm\sqrt{b^2-4c}}{2}$$

中只有一个根式 $\sqrt{b^2-4c}$。由韦达定理可知

$$b=-(x_1+x_2),$$
$$c=x_1\cdot x_2.$$

因此，$\sqrt{b^2-4c}=\sqrt{(x_1+x_2)^2-4x_1\cdot x_2}$

$$=\sqrt{x_1{}^2-2x_1x_2+x_2{}^2}=|\ x_1-x_2\ |,$$

而 x_1-x_2（或 x_2-x_1）是方程根 x_1，x_2 的有理函数。

所谓单位根，就是若一个数的 n 次乘方等于 1，则称此数为 n 次单位根，例如 1，-1，i，$-i$，因为 $1^4=(-1)^4=i^4=(-i)^4=1$，所以它们都是 4 次单位根。

接着阿贝尔就用这个定理证出：不可能用加、减、乘、除、开方运算和方程的系数来表示五次方程根的一般解。他的证明结束了人们 200 年的探索。

在当地印刷厂的帮助下，这篇论文被印制出来。为了使更多的人了解，这篇论文是用法文写的。可是因为穷，为了减少印刷费，他把论文压缩成只有 6 页。

阿贝尔满怀信心地把自己的论文寄给外国的数学家，包括当时被誉为数学王子的高斯，希望能得到他们的支持。可惜文章太简洁了，没有人能看懂。当高斯收到这篇论文时，觉得不可能用这么短的篇幅证明出这个世界著名的问题，结果高斯看也没有看就把这篇论文放到书信堆去了。

阿贝尔大学毕业后一直找不到工作。他向政府申请旅行研究金，到外国做两年研究，希望回来后能找到一个正式职业。

1825 年，他离开挪威，先到德国的汉堡，后来到柏林住了 6 个月。1826 年 7 月，阿贝尔离开德国去法国。他在巴黎期间很难和法国大数学家谈论自己的研究成果。他们的年纪太大，对年轻人的工作并不重视。阿贝尔把自己的研究写成长篇论文交给法国数学家勒让德。勒让德看不大懂，又转给了另一位数学家柯西。柯西只是随便翻了翻就丢弃到一旁。阿贝尔想在法国科学院发表这篇论文的想法落空了。

1827年5月底，阿贝尔回到了奥斯陆。他身无分文，还欠了债。为生活所迫，他只好去给人家补习功课，从小学生到准备上大学的学生都给补习。他不但帮人补习数学，还补习德文、法文。

即使在这种状况下，阿贝尔也没有放弃他心爱的数学研究，他对数学许多分支的发展都做出了重要的贡献。后来阿贝尔又发表了两个"关于五次以上方程不可能用根式求解"的证明。

贫穷和劳累使阿贝尔的身体越来越衰弱了。1828年夏天，他持续高烧，而且咳嗽——他得了肺结核。他在给德国工程师克勒的信中写道："我已经病了一个时期，而且被迫要躺在床上了。我很想工作，但是医生警告我，操心任何事都对我有极大的伤害。"

从1829年3月开始，阿贝尔病情恶化，他胸痛，吐血，时常昏迷，一直躺在床上。有时他想写数学论文，可是手不能提笔写字。1829年4月6日，年仅26岁的阿贝尔离开了人世。

┠ 悬赏十万马克求解

有一个著名的数学难题，至今世界上还没有人能够解决，这就是"费马问题"。

费马 1601 年生于法国的图卢兹。他是一名法官，业余从事数学研究。他的所有数学著作在生前都没有发表。他是通过与其他数学家的通信来广泛地参与数学研究活动的。费马未加证明地提出了许多富有洞察力的命题，这些命题在他去世后很久才陆续被证明。到 1840 年，只剩下一个命题还没有被证明，这就是"费马问题"。

费马问题的内容很简单：当整数 n 大于 2 时，方程 $x^n + y^n = z^n$ 不存在整数解，其中 x，y，z 不等于 0。

当 $n = 2$ 时，方程就变成了 $x^2 + y^2 = z^2$，是我们熟悉的"勾方加股方等于弦方"，也就是勾股定理。这时方程 $x^2 + y^2 = z^2$ 是有无穷多组整数解。比如 $x = 3$，$y = 4$，$z = 5$；$x = 5$，$y = 12$，$z = 13$；$x = 6$，$y = 8$，$z = 10$ 等都是该方程的解。这些整数解可以用一组公式来表示：

$$x = m^2 - n^2, \quad y = 2mn, \quad z = m^2 + n^2.$$

其中 m，n 为不相等的整数。

尽管 $n = 2$ 时，方程 $x^n + y^n = z^n$ 有无穷多组整数解，但是费马预言：只要 n 大于 2，方程 $x^n + y^n = z^n$ 连一组非零的整数解也没有。

费马是怎么想起这件事的呢？事情是这样的：1621 年，公元 3 世纪希腊著名数学家丢番图的《算术》一书刚刚译成法文，费马就买了一套。费马有个习惯，喜欢把读书的感想随手写在书页的空白处。他在这本书中看到了丢番图关于方程 $x^2 + y^2 = z^2$ 有无穷多组正整数解的讨论，于是就在书底页的空白处写了一行旁注："另一方面，不可能把一个立方数表示为两个三次方数之和。一般来说，一个次数大于 2 的方幂不可能是两个方幂之和。我确实发现了这个奇妙的证明，但是书的页边太窄了，写不下。"

费马提出的结论究竟对不对呢？他没有给出证明，但是他声称确实发现了这个奇妙的证明。费马死后，他的儿子整理了他的全部遗稿和书信，遗憾的是并没有找到关于这个问题的证明，于是它就成了悬而未决的"费马问题"。

"费马问题"的迷人之处在于它的内容如此简单，如此容易理解，即使具有一般数学知识的人好像也能解决。正如要验证 $x^3 + y^3 = z^3$ 没有非零的整数解，前十个正整数的立方是 1，8，27，64，

125，216，343，512，729，1000。不难看出其中没有一个数可以表示为另外两个立方数之和。借助于电子计算机甚至可以证明 10 位以内数的立方，不可能是其他两个立方数之和。困难的是整数有无穷多个，不管用什么样的电子计算机，也不能对无穷多个数进行检验。

费马问题引起数学家的注意。许多大数学家为解决这个问题花费了不少心血，也取得了一定的进展。

1770 年，大数学家欧拉证明了当 $n = 3$ 时，费马的结论是对的；

1823 年，勒让德证明了当 $n=5$ 时，结论是对的；

1839 年，拉梅证明了当 $n=7$ 时，结论也对。

特别值得一提的是，靠自学成才的法国女数学家苏菲娅·吉耳曼证明了如果 p 是奇素数（即除掉 2 的素数），$2p+1$ 也是素数，那么 $x^p+y^p=z^p$ 没有整数解。这样一来，小于 100 的所有奇素数都解决了。

研究费马问题最有成就的要算德国数学家库默尔，他几乎用了一生的时间来研究这个问题。虽然他没有最终解决，但是提出了一整套的数学理论，推动了数学的发展。法国科学院为了表彰库默尔的贡献，给他发了奖。

有趣的是，有的数学家自以为解决了"费马问题"而欣喜若狂，但是后来有人指出证明中有错误，结果是一场空欢喜。比如数学家拉梅在法国科学院的一次会议上宣布自己已经证明了"费马问题"。但是当他讲解自己的证明方法时，数学家刘维尔当场指出他的证明是行不通的，使拉梅感到十分困窘。著名数学家勒贝格晚年也沉迷于解决"费马问题"，他向法国科学院呈上一篇论文，说用他的理论可以全部解决这个问题。法国科学院十分高兴，如果勒贝格真能解决，法国就可以向全世界宣布：这个 300 年前由法国人提出来的世界难题，最终由本国人解决了。法国科学院立即组织一批数学家仔细研究了勒贝格的论文，结果发现其证明也是错误的。勒贝格拿着退回来的论文不甘心地说："我想，我这个错误是可以改正的。"但是，直到他死，也没能解决这个问题。

1900 年，德国著名数学家希尔伯特总结了当时数学界还没解决的重大问题，提出了 23 个数学难题，"费马问题" 被列为第十个问题。

1908 年，德国的一位数学爱好者沃尔夫·斯凯尔提出，在公元 2007 年以前，谁能解决 "费马问题"，就奖给他十万马克奖金。

前几年，美国数学家大卫·曼福特证明了方程 $x^n + y^n = z^n$ 如果有整数解，那么这样的整数是非常大，解的个数是非常少的。这样的整数解数值之大，不仅超过现有大型计算机的计算能力，还远远超过从长远看来能够设想的任何计算机的能力。但是，他终究没有彻底解决这个难题。

最终，这个问题被英国数学家解决了。

20 世纪 60 年代初，年仅 10 岁的英国少年安德鲁·怀尔斯看到了费马问题，他立志要解决这个难题。长大以后，他到美国普林斯顿大学任教，1986 年他在 "费马问题" 上取得了突破性进展。1993 年 6 月 23 日在英国剑桥大学的国际数学家学术会议上，年仅 40 岁的怀尔斯做了题为 "系数结构、椭圆曲线和盖氏理论" 的报告，解决了困扰数学家 350 年之久的难题，受到与会数学家的高度称赞。但是，同年 11 月有数学家对他的证明过程提出疑问。12 月 4 日怀尔斯发出电子邮件，承认证明有问题。1994 年 10 月 25 日，美国俄亥俄州立大学的卡尔·鲁宾教授向全世界发出电子邮件宣布，怀尔斯证明中的问题已经得到解决，怀尔斯成功证明了费马的猜想是对的。

4. 闯关纵横谈

├─ 他为什么不放心

一闯抽象关

请你从 1 开始写出三个相邻的奇数。

你很快就可以写出 1, 3, 5。

再请你把所有相邻的三个奇数都写出来。

这可要好好想一想了：写出 3, 5, 7 对吗？不对！这仅是一组相邻的三个奇数。多写出几组行吗？1, 3, 5；3, 5, 7；5, 7, 9……这也不行。就是写出成千上万组，也没有把"所有的"都写出来！

这个问题用算术方法是解决不了的，用代数方法解决起来就很容易。代数的一个重要特征就是以字母代替具体的数。这个问题的正确答案是：2k+1，2k+3，2k+5。你看，当 k=0 时是 1, 3, 5；当 k=1 时是 3, 5, 7；当 k=2 时是 5, 7, 9……

很明显，这里的 k 不是具体的哪一个数，而是代表了任意整数，这是整个问题的关键。只有使用了字母，才使得 $2k+1$，$2k+3$，$2k+5$ 表示的不再是三个具体的数，而是所有的三个相邻的奇数。

使用字母表示数，这是一种抽象化过程。刚从小学升到初中的人，往往弄不明白为什么要用字母来代替数。举个例子：有些杂志的编辑部经常收到小读者的来信，说他们发现了一些数学规律，又不知对不对，请编辑帮助看看。有位初一同学在信中写道：我发现了一个有趣的数学规律：

$$3^2 = 2 + 2^2 + 3,$$
$$4^2 = 3 + 3^2 + 4,$$
$$5^2 = 4 + 4^2 + 5,$$

……

总之，一个自然数的平方等于它前面一个相邻数加上这个相邻数的平方再加上这个数本身的和。我试了许多数都对，您说有这个规律吗？

这个同学既然试了"许多数"都对，为什么还不放心呢？看来这是位细心的同学，知道自然数是无穷尽的，他无法对所有的数都进行试验。

这又是一个用算术方法解决不了的问题，必须用代数来解决。

引入一个字母 n，如果用一个代数式来表示这个同学发现的规律就是：

$$(n+1)^2 = n + n^2 + (n+1),$$

变形，得 $(n+1)^2 = n^2 + 2n + 1$，

又得　　　$(n+1)^2=n^2+2n\cdot1+1^2.$

这最后一个代数式多么眼熟啊！与 $(a+b)^2=a^2+2ab+b^2$ 比一比，原来就是一回事，只不过让这个公式里的 $a=n$，$b=1$ 而已。

看来，这个同学找到的数学规律是对的，它就是"二数和的平方公式"。只可惜，他没有经过代数抽象这一步，所以没列出这个代数公式。要是这位同学掌握了代数抽象的方法，并且是在若干年以前这样做了，说不定这个"两数和的平方公式"会是这位同学发现的呢！

这不是开玩笑。抽象的目的正是为了更深刻地发掘数学规律，更准确地表达数学规律，在更广泛的范围内肯定数学规律的正确性。

怎样闯过抽象关？

首先，必须改变一下你的立脚点。在小学学习数学的时候，总是从具体的数字出发来考虑问题。学习代数以后，就要多和字母相联系了。这时候，要注意观念上的转变，不

……代表一个数……

能以算术的观点认为 a 只代表一个数。要考虑这个字母可能代表着许多数，甚至代表一切数。不要只想着它只代表正数，它也代表负数和零；要考虑它不仅可能代表已知数，也可能代表未知数。总之，要注意字母抽象化的特点。

如果你常常想到：一个字母可以表示"许多数"或"无穷多个数"，解题就不容易出错了。

例如"$a+b$ 一定大于 a 吗?"这个问题就不可能简单地回答"大"或"不大"。而要把 b 分成几种情况加以讨论：

当 $b>0$ 时，$a+b>a$；

当 $b=0$ 时，$a+b=a$；

当 $b<0$ 时，$a+b<a$.

这种讨论形式的答案，在算术中是很少见的，而在代数中却必须掌握。

为了闯过抽象关，还应该熟记一些常用的表达式。例如：全体偶数可以用 $2n$ 表示（n 为整数）；

全体奇数可以用 $2n+1$ 或 $2n-1$ 表示；

可以被 k 整除的数用 kn 表示（n 为整数）；

所有大于 2 而小于 5 的数 a，可以表示为 $2<a<5$ 等。

掌握了把数抽象为字母的方法，才能进一步使用字母去探求数学规律。例如：

"怎样表示比 a 的 $\dfrac{4}{5}$ 大 1 的数?"

"怎样表示 k 与 6 的差的 30%?"

想一想就知道前者的答案是 $\dfrac{4a}{5}+1$，后者的答案是 $(k-6)\times30\%$。

├ $2a$ 和 $3a$ 哪个大

二 闯负数关

3 和 2 哪个大？当然 3 大。

$3a$ 和 $2a$ 哪个大？如果你回答"当然 $3a$ 大"，这可就错了。在代数里，$3a$ 不一定比 $2a$ 大。不信，用具体数试一试。

当 $a = -5$ 时，$3a = -15$，$2a = -10$。你看，$3a$ 就比 $2a$ 小了。

由于字母可以代表任何数，也包括了负数，这样 $3a$ 和 $2a$ 哪个大，就有大于、小于和等于三种可能关系，比 3 和 2 哪个大的关系复杂多了。

负数是正数的相反数，在实际问题中，负数和正数总是表示意义相反的两个量。夏天你从电视屏幕上看到武汉市的气温高达 $42℃$，你会想到武汉真是个名副其实的大火炉；冬天你会看到哈尔滨最低气温达 $-32℃$，一个负号就会让你感到天寒地冻。深刻理解正数和负数是互为相反的数，是闯过负数关的关键。

闯过负数关，要经过哪几个关口呢？

第一个关口是负数比大小。在实际生活中，负数的大小问题，一般是不会弄错的。比如北京最低气温是 $-15℃$，沈阳最低气温是 $-28℃$，哪个城市气温低？谁都会回答说

是沈阳气温低。可是，抽象地问，−28 和−15 哪个大？就
会有同学回答：−28 比−15 大。这是什么原因呢？刚上初
一的同学，往往一提比大小，就想到正数比大小的法则，
忘了负数是正数的相反数。这是一种需要克服的习惯。今
后，一定要注意负号，要根据负数的特点来比大小。

　　过负数比大小这个关口，要多依赖数轴这个重要的工
具。在数轴上，不管是正数，还是负数，谁靠右边谁就大。
　　第二个关口是负数和绝对值的关系。请回答，｜a
｜＝a 和 ｜a｜＝−a 哪个对？不管你回答哪个对，都
不对。
　　这两个等式的左边都是 a 的绝对值，由于绝对值最小
是零，不可能是负数。要想上面两个等式成立，就必须保
证｜a｜＝a 中的 a，或｜a｜＝−a 中的−a 不是负数才
行。但是，字母 a 可以代表任何数，a 也好，−a 也好，
都不能保证不是负数。比如，当 a＝−2 时，｜a｜＝a 就

成了 $|-2|=-2$，绝对值成了负数，显然不对；又比如，当 $a=3$ 时，$|a|=-a$，就成了 $|3|=-3$，也不对。可以肯定这两个式子都不成立。

这个问题的正确答案是：

当 $a \geqslant 0$ 时，$|a|=a$；

当 $a < 0$ 时，$|a|=-a$.

根据什么标准就肯定这样写是对的呢？标准是不管 a 取正数、负数或零，等式都成立。比如，当 $a=3>0$ 时，$|3|=3$，就是 $|a|=a$；当 $a=-3<0$ 时，$|-3|=3=-(-3)$，就是 $|a|=-a$；当 $a=0$ 时，$|0|=0$，就是 $|a|=a$。因此，不管 a 取什么数，都是对的。

这样，我们就有了一条经验，遇到绝对值符号里面有字母的时候，一定要分情况讨论。比如，计算 $|1-a|+|2a+1|+|a|$ 的值（其中 $a < -2$）。在这道题中，限定了字母 a 的值要小于 -2。在去掉绝对值符号时，要保证每一个绝对值都不是负数。因此有

$$|1-a|=1-a > 0;$$
$$|2a+1|=-(2a+1) > 0;$$
$$|a|=-a > 0.$$

这样，
$$|1-a|+|2a+1|+|a|$$
$$=1-a-2a-1-a$$
$$=-4a.$$

在这道题中，如果不给 $a < -2$ 的限制，你还会做吗？题目虽然复杂了，只要记住绝对值不能是负数，完全可以做对。办法是先要一个一个讨论，要综合在一起得出答案。具体解答是：先求出可使其中一个绝对值等于 0 的 a 值，它们是 $-\dfrac{1}{2}$，0，1。

当 $a < -\dfrac{1}{2}$ 时，$|1-a| + |2a+1| + |a|$

$$= 1-a-(2a+1)-a$$
$$= 1-a-2a-1-a = -4a；$$

当 $-\dfrac{1}{2} \leqslant a < 0$ 时，$|1-a| + |2a+1| + |a|$

$$= 1-a+2a+1-a = 2；$$

当 $0 \leqslant a < 1$ 时，$|1-a| + |2a+1| + |a|$

$$= 1-a+2a+1+a = 2a+2；$$

当 $a \geqslant 1$ 时，$|1-a| + |2a+1| + |a|$

$$= -(1-a)+2a+1+a$$
$$= -1+a+2a+1+a = 4a.$$

综合起来写在一起，得

$$|1-a| + |2a+1| + |a| = \begin{cases} -4a & \left(a < -\dfrac{1}{2}\right), \\ 2 & \left(-\dfrac{1}{2} \leqslant a < 0\right), \\ 2a+2 & (0 \leqslant a < 1), \\ 4a & (a \geqslant 1). \end{cases}$$

　　你如果能正确地解答出下列问题，可以说过了第二个关口：

　　（1）解方程 $|x-3|=4$；

　　（2）解方程 $|x+1|+|x-1|=1$；

　　（3）化简 $|a+1|-|1-2a|$．

　　负数和绝对值的关系，在求算术根、解方程、解不等式、求函数定义域等问题中还要多次遇到。

　　第三个关口是使用负数。能灵活使用负数，是学懂负数的主要标志。有这样一道趣题：

　　"有一座三层的楼房着火了。一个救火员搭了梯子爬到三层楼去抢救东西。当他爬到梯子正中一级时，二楼的窗口喷出火来，他就往下退了 3 级。等到火过去了，他又爬上了 7 级，这时屋顶上有一块砖掉下来了，他又往后退了 2 级。幸亏砖没有打着他，他又爬上了 6 级，这时他距离最高一层还有 3 级。你想想，这梯子一共有几级？"

　　由于梯子有正中一级，因此梯子级数一定是奇数，可设为 $2n+1$。把往上爬算正，往下退算负，可以写出算式。

$$n=(-3)+7+(-2)+6+3=11.$$

　　所以　　　　　　　　$2n+1=2\times11+1=23.$

　　答：梯子一共有 23 级。

　　应该说，只有在大量使用负数过程中，才能逐步深入理解负数的本质，闯过负数关。

├ 老虎怎样追兔子

三闯变化关

先来做一道老虎追兔子的题：

"一只老虎发现离它 10 米远的地方有一只兔子，马上扑了过去。老虎每秒钟跑 20 米，兔子每秒钟跑 18 米，老虎要跑多远的路，才追得上兔子？"

这道题目中把速度、距离都说清楚了，算起来比较容易。因为老虎比兔子跑得快，速度差为 20－18＝2，这样老虎追上兔子所用的时间为 10÷2＝5（秒）。老虎跑的路程为 20×5＝100（米）。这就是答案。

现在把这道题改一下，看你会不会做？

"一只老虎发现离它 10 米远的地方有一只兔子，马上扑了过去。老虎跑 7 步的距离，兔子要跑 11 步。但是兔子频率快，老虎跑 3 步的时间，兔子能跑 4 步。问老虎能不能追上兔子？如果能追上，它还要跑多远的路？"

这道题没有直接把速度告诉我们，要求出速度需费一番周折。用算术方法解比较困难，可用代数方法来解。

可以设老虎跑 7 步的路程为 x 米，则兔子跑完 x 米需要 11 步。求速度还需要知道时间。因此，又设老虎跑 3 步用了 t 秒，则兔子在 t 秒钟跑了 4 步。这里的 x 和 t 不是具体的数，而是抽象的字母。还有，在老虎追赶兔子的过程中，路程和时间不是固定不变的，而是在不断地变化。

下面来求速度：老虎 7 步跑了 x 米，每一步的距离是 $\frac{x}{7}$ 米。另一方面，老虎在 t 秒钟跑了 3 步，合 $3 \times \frac{x}{7}$ 米。这样，老虎的速度 v_1 就可以求出来了，即

$$v_1 = \frac{3}{7}x \div t = \frac{3}{7} \cdot \frac{x}{t}.$$

同样，可以求出兔子的速度　　　　$v_2 = \frac{4}{11} \cdot \frac{x}{t}.$

虽然 v_1，v_2 具体是多少还不知道，但是它们谁大谁小是清楚的。因为 $\frac{x}{t}$ 是一个大于零的数，又因为 $\frac{3}{7} > \frac{4}{11}$，所以 $v_1 > v_2$。这说明老虎的速度比兔子快，它是可以追上兔子的。

再来解第二个问题。设 s_1，s_2 分别表示老虎追上兔子时，老虎和兔子跑过的路程。由于兔子在老虎前 10 米处，所以 $s_1 = 10 + s_2$（米）。

∵　　　$s_1 = v_1 t$，　　　$s_2 = v_2 t$.

∴　　$\frac{s_1}{s_2} = \frac{v_1 t}{v_2 t} = \left(\frac{3}{7} \cdot \frac{x}{t}\right) \div$

$\left(\frac{4}{11} \cdot \frac{x}{t}\right) = \frac{33}{28}.$

即　　　$s_2 = \frac{28}{33}s_1.$

将上式代入　$s_1 = 10 + s_2$ 中，得

难道我不会转弯吗？

$$s_1 = 10 + \frac{28}{33} s_1.$$

解出　　　　　　　$s_1 = 66$（米）.

说明老虎要跑 66 米才能追上兔子。

从解题过程中可以看出，后一个问题难在老虎和兔子的速度始终没有求出个具体数来，我们是通过速度的比 $v_1 : v_2 = 33 : 28$ 来解出路程的。在这个问题中，我们始终是把这些字母看作是变化的，我们所寻求的就是这些变化的量之间的关系。

日常生活中没有一成不变的量，数字中就要有相应的"变量"来描述它。比如一个人骑自行车，在他行驶的过程中，行驶的距离 s 和行驶的时间 t，都是变化的量。学函数，把字母看成是不断变化的变量，要过"变化关"。下面以骑车为例加以说明。

一个人骑车以每小时 15 千米的速度从甲地驶往乙地。两地相距 45 千米，求自行车离开甲地的距离 s（千米）和行驶时间 t（小时）的关系。

1 小时自行车离开甲地 15 千米，2 小时离开甲地 15×2 千米……t 小时离开甲地 $15t$ 千米。我们找到 s 和 t 的关系 $s = 15t$。

对于式子 $s = 15t$ 来说，t 可以任意变化，可是对于这个实际问题来讲，t 的取值只能是 $0 \leqslant t \leqslant 3$，因为出发后 3 小时就到达乙地了。式子 $s = 15t$（$0 \leqslant t \leqslant 3$）反映了自行车运动的规律，这里的 t 和 s 都是变量。

怎样使 t 和 s 在我们脑子里变化起来呢？

一种办法是列表。比如间隔半小时给取一个值，再通过 $s=15t$ 算出相应的 s 值，就可以列出表来：

t（小时）	0.5	1	1.5	2	2.5	3
s（千米）	7.5	15	22.5	30	37.5	45

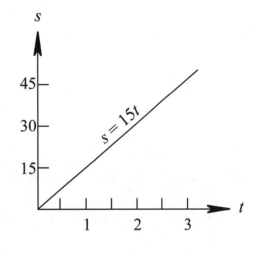

这个表描述了 t 和 s 的变化。在第 1 小时末，自行车行进了 15 千米；第 2.5 小时末，行进了 37.5 千米。这不是 t 在变，s 也跟着变吗？当然用这个表来描述 t 和 s 的变化还比较粗糙。比如想求 1.4 小时自行车行进了多远的距离，在表上是查不到的。

另一种办法是画图。在坐标系中画出 $s=15t$ 的图像。图像是一条线，这条线反映了随着 t 的增大，s 也增大的变化。

├ 大数学家没做出来

四闯综合关

莱布尼兹是 17 世纪德国著名数学家，微积分的创始人之一。他不会分解代数式 x^4+a^4，认为这个式子不能再分解了。

18 世纪的英国数学家泰勒说，x^4+a^4 还可以进一步分解，把它分解成 $(x^2+\sqrt{2}ax+a^2)(x^2-\sqrt{2}ax+a^2)$，泰勒分解的方法并不复杂，仅仅是用了配方法：

$$x^4+a^4$$
$$=(x^4+2a^2x^2+a^4)-2a^2x^2$$
$$=(x^2+a^2)^2-(\sqrt{2}ax)^2$$
$$=[(x^2+a^2)+\sqrt{2}ax][(x^2+a^2)-\sqrt{2}ax]$$
$$=(x^2+\sqrt{2}ax+a^2)(x^2-\sqrt{2}ax+a^2).$$

这个历史事实告诉我们，掌握代数中的基本概念和基本方法还不算太困难，但是能够灵活使用这些方法，去解决一些综合性问题却比较困难，这需要掌握一些技巧。

比如，设函数 $y=\lg\left(2-\dfrac{m}{4}\right)\cdot x^{m^2-7m+11}$.

问：(1) 当 m 为何值时，y 是 x 的反比例函数？

问：(2) 当 m 为何值时，y 是 x 的正比例函数，且图像通过Ⅱ、Ⅳ象限？

这个问题中涉及的知识比较多，如对数函数、幂、正比例函数、反比例函数、图像在坐标系中的位置。这些知识中如果有一环没掌握好，题目就不可能做对。

可以这样来解：

(1) 若 y 是 x 的反比例函数，

则 $\qquad y = \dfrac{k}{x} = kx^{-1}$ 　　　　　(k≠0).

现在的问题是寻找合适的 m 值，使得

$$\lg\left(2 - \dfrac{m}{4}\right) = k. \qquad\qquad (1)$$

$$m^2 - 7m + 11 = -1. \qquad\qquad (2)$$

（1）和（2）两式中（2）式起决定作用。解方程

$$m^2 - 7m + 12 = 0,$$

得 $\qquad\qquad m_1 = 3,\; m_2 = 4.$

将 $m_2 = 4$ 代入（1）式中，得

$$k = \lg\left(2 - \dfrac{4}{4}\right) = \lg 1 = 0.$$

所以 $m_2 = 4$ 不能取；

将 $m_1 = 3$ 代入（1）式，得 $k = \lg\left(2 - \dfrac{3}{4}\right)$

$$= \lg\dfrac{5}{4} \neq 0.$$

因此，取 $m = 3$.

（2）若 y 是 x 的正比例函数，则 $y = kx$，仿（1）得二次方程

$$m^2 - 7m + 11 = 1,$$

$$m^2 - 7m + 10 = 0,$$

解得 $m_1 = 5,\; m_2 = 2.$

因为正比例函数的图像过Ⅱ、Ⅳ象限，

所以　　$\lg\left(2-\dfrac{m}{4}\right) < 0.$

将 $m_1 = 5$ 代入，得

$$k = \lg\left(2-\dfrac{5}{4}\right) = \lg\dfrac{3}{4} < 0.$$

将 $m_2 = 2$ 代入，得

$$k = \lg\left(2-\dfrac{3}{4}\right) = \lg\dfrac{5}{4} > 0.$$

因此，取 $m = 5.$

要提高解综合问题的能力，还要使自己的思路更开阔些。国外流传着这样一个故事：从前有一个大国的国王叫爱数，从名字就可以知道，他非常喜欢数学。爱数国王爱上了邻国的一位公主，就向公主求婚。

公主说："听说国王非常喜欢数学，我给你一个十四位的大数，要求你把它分成质因数的连乘积。如果三天之内你能分解出来，我就嫁给你，不然的话，请不要再提求婚的事！"

爱数国王觉得办成这件事并不困难，回国以后就从最小的质数 2 开始试除。由于这个数字太大，他试了两天两夜也没分解出来，爱数国王发愁了。

大臣孔唤石觐见爱数国王，见国王愁容满面，问明原因以后，孔唤石笑着说："这有何难？我国有一千万百姓，按十进位制把他们分组、编号。比如，一个老百姓在二军团、五军、三师、八团、九营、〇连、二排，这个老百姓的编号就是 2538902。"

爱数国王问："给老百姓编上号有什么用？"

孔唤石大臣说："你把公主给的十四位数公布出去，让每个老百姓用自己的编号去除这个大数，凡是能整除的编号都报上来，你从这些报上来的编号中再找质因数就容易多了。"

"好主意！"爱数国王称赞说，"你不应叫孔唤石，而应该叫'空换时'，你是用空间来换取宝贵的时间呀！"

当然，爱数国王终于与公主结合了。

解数学题时，也常常会发生类似的情况。比如，已知在△ABC 中，$\sin A \cos A = \sin B \cos B$，试判断△ABC 的形状？这道题直接去证△ABC 会不会有一个角是直角、会不会有两个角相等都比较困难。可以走另外一条道路：由正弦定理得

$$\frac{a}{\sin A} = \frac{b}{\sin B} = \frac{c}{\sin C}.$$

即

$$\sin A = \frac{a}{c}\sin C, \quad \sin B = \frac{b}{c}\sin C.$$

代入题设的等式，得

$$\frac{a}{c}\sin C \cos A = \frac{b}{c}\sin C \cos B.$$

∵ $\sin C \neq 0$ ∴ $a\cos A = b\cos B$.

再用余弦定理，得

$$a\,\frac{b^2+c^2-a^2}{2bc} = b\,\frac{a^2+c^2-b^2}{2ac},$$

$$a^2(b^2+c^2-a^2) = b^2(a^2+c^2-b^2),$$

展开整理，得 $c^2(a^2-b^2)=(a^2+b^2)(a^2-b^2)$，

$$(a^2-b^2)(c^2-a^2+b^2)=0.$$

当 $a=b$ 时，$\triangle ABC$ 为等腰三角形；

当 $c^2=a^2+b^2$ 时，$\triangle ABC$ 为直角三角形。

5. 代数万花筒

├─ 波斯国王出的一道难题

古时候波斯有个国王，他认为自己是世界上最聪明的人。

有一天，国王出了一个告示，宣布半个月以后他将要在皇宫里出一道难题，谁

要是能准确地回答出来，就重重地奖赏他。

到了那一天，皇宫里聚集了文武百官，还有许多老百姓，显得十分热闹。国王命令侍从取来了三只大金碗，金碗上盖着镶嵌着宝石的金盖子。国王向皇宫里的人扫了一眼，然后说出他的难题：

"我的三只金碗里放着数目不同的珍珠。我把第一只金碗里的一半珍珠给我的大儿子；第二只金碗的三分之一珍珠给我的二儿子；第三只金碗里的四分之一珍珠给我的小

儿子。然后，再把第一只碗里的 4 颗珍珠给我的大女儿；第二只碗里的 6 颗珍珠给我的二女儿；第三只碗里的 2 颗珍珠给我的小女儿。这样分完之后，第一只金碗里还剩下 38 颗珍珠；第二只金碗里还剩下 12 颗珍珠；第三只金碗里还剩下 19 颗珍珠。你们谁能回答，这三只金碗里原来各有多少珍珠？"

听完国王所说的题目，文武百官你看看我，我看看你，谁也没作声。

突然，从人群中走出三个外国人，其中一个向国王深深鞠了一个躬，说道："尊敬的国王，请让我第一个回答您的问题吧！您的第一只金碗里最后剩下 38 颗珍珠，加上您给大女儿的 4 颗，一共是 42 颗，而这 42 颗珍珠只是原来珍珠数的一半，因为您把另一半给了您大儿子了。这样第一只金碗中应该有 84 颗珍珠。"

听到这里，国王点了点头。这个外国人又接着说："您的第二只金碗里最后剩下 12 颗珍珠，加上您给二女儿的 6 颗，共计 18 颗。这 18 颗珍珠只是原来珍珠数的三分之二，因为有三分之一您给了二儿子了。所以第二只金碗里原来有 27 颗珍珠。"

"第三只金碗里最后剩 19 颗珍珠，加上您小女儿拿去的 2 颗，就是 21 颗。这 21 颗只是碗里原来数目的四分之三，这样第三只金碗里原有 28 颗珍珠。"

国王听了满意地说："聪明人，你说对了。"

这位外国人说："尊敬的国王，数学帮助我回答了您的问题。数学是一门有关数的特征和计算法则的科学。"

这时，第二个外国人往前站了两步说："高贵的国王，我用方程来算您出的题，要简单得多。

我用 x 来代表您第一只碗里珍珠的数目。

您给大儿子一半，就是 $\dfrac{x}{2}$，又给您大女儿 4 颗，最后剩下 38 颗。可以列出方程如下：

$$x-\dfrac{x}{2}-4=38.$$

移项，得

$$x-\dfrac{x}{2}=38+4,$$

$$\dfrac{x}{2}=42,$$

$$x=84.$$

说明第一只金碗里有 84 颗珍珠。

再算第二只金碗里珍珠的数目。设这个数目为 x。从中减去您给二儿子的 $\dfrac{x}{3}$，再减去您给二女儿的 6 颗，剩下 12 颗，列出方程为：

$$x-\dfrac{x}{3}-6=12,$$

$$\dfrac{2}{3}x=18,$$

$$x=27.$$

第二只碗里有 27 颗珍珠。

用同样办法可以算出第三只金碗里珍珠的数目：

$$x-\frac{x}{4}-2=19,$$

$$x=28.$$

第三只金碗里有 28 颗珍珠。"

国王高兴地说："你用方程来计算，很简单，算法很高明。"

轮到第三个外国人了。他一声不响地从口袋里掏出一张纸，在纸上写了一个算式，递给了国王。

国王看到纸上写着一个算式：

$$x-ax-b=c,$$

$$x=\frac{b+c}{1-a}.$$

国王非常生气地问："你写的是些什么！我一点也看不懂。你为什么只有一个答案？你难道不知道我有三只金碗吗？"

这个外国人说：

"这个算式中的 x 代表碗里的珍珠数，a 代表您给儿子

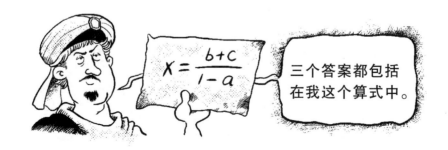

三个答案都包括在我这个算式中。

珍珠数占碗里珍珠数的几分之几，b 代表您给女儿的珍珠数，c 代表剩下的珍珠数。

"如果您不信的话，可以用具体数字代一代看看是否正确，国王陛下，我的算法充分体现了代数的特点，是最简单、最明确的算法。利用我的算法，即使您有 100 只金碗、100 个儿子、100 个女儿，也同样可以算出珍珠数来。"

国王听完，亲自代入数字进行计算。

用 x 代表第一只碗里珍珠的数目，因给大儿子一半，a 应该是 $\frac{1}{2}$；b 代表给大女儿的数目，应该是 4；c 代表剩下的 38 颗珍珠。

代入算式　$x = \dfrac{b+c}{1-a}$，得

$$x = \frac{4+38}{1-\frac{1}{2}},$$

$$x = 84.$$

国王点点头说："对，是 84 颗。"接着国王又把 $a = \frac{1}{3}$，$b = 6$，$c = 12$ 代入算式，得

$$x = \frac{6+12}{1-\frac{1}{3}},$$

$$x = 27.$$

国王又算出第三只金碗中珍珠的数目，也完全正确。

国王给第三个外国人奖赏最多，其次是第二个外国人，用算术方法解算的外国人得到的奖赏最少。

国王笑着说："我这是按解算方法好不好来发奖的，你们不会有意见吧？"

├ 印度的国际象棋传说

印度是一个古老传说很丰富的国家。传说印度的舍罕王很喜欢下国际象棋。有一天，舍罕王打算重赏国际象棋的发明人、宰相西萨·班·达依尔，这位聪明的大臣看来胃口并不大，他跪在国王面前说："陛下，请您在这张棋盘的第一个小格内赏我一粒麦子，在第二个小格内给两粒，第三个小格内给四粒，照此下去，每一小格内都比前一小格加一倍。陛下，把这样摆满棋盘上所有 64 格的麦粒，都赏给您的仆人吧！"

"爱卿，你所求的并不多啊！"国王为自己不用太多的东西就能奖励宰相而暗自高兴。

国王说："你会如愿以偿的。"接着命人把一袋麦子扛到宝座前，心想有这一袋麦子就足够了。

计数麦粒的工作开始了。第一格内放一粒，第二格内放两粒，第三格内放四粒……还没到第二十

对于傻子而言，我的要求并不过分！

格，袋子已经空了。麦子一袋又一袋地被扛到国王面前，可是麦粒数一格接一格地飞快增长。不一会儿，王宫里麦子堆积如山，管粮库的大臣急忙跑来报告说，粮库中麦子不多啦！

"怎么回事?"国王十分吃惊。

管库大臣也精通数学，他说："按宰相的要求，第一格里放一，第二格里放二，第三格里放四，64 个格子总共要放

$$n=1+2+2^2+2^3+\cdots+2^{63}.$$

为了算出这个数，可以把上式两边同时乘 2：

$$2n=2+2^2+2^3+2^4+\cdots+2^{64}.$$

然后用下面式子减去上面式子，得

$$2n-n=(2+2^2+2^3+2^4+\cdots+2^{64})$$
$$-(1+2+2^2+\cdots+2^{63}),$$

即　$n=2^{64}-1=18446744073709551615$ 颗麦粒。"

国王问："18446744073709551615 颗麦粒有多少?"

管库大臣说："一升小麦约 150000 颗，照这个数，那得付给西萨·班·达依尔 140 万亿升小麦才行。这么多小麦需要全世界生产 2000 年！"

国王听后，像一摊泥似的从宝座上滑到了地下。

印度还有一个著名的传说，叫"世界末日问题"：在世界中心，印度北部印度教圣地瓦拉纳西的圣庙里，安放着一块黄铜板，板上插着三根宝石针。印度教主神梵天在创造世界的时候，在其中的一根针上从下到上放了由大到小

共 64 片金片，把这个塔形金片堆叫作"梵塔"。圣庙里不论白天黑夜，都有一个值班的僧侣按照梵天的法旨，把这些金片在三根针上移来移去。法旨要求：一次只能移动一片金片，要求不管在哪一根针上，小金片永远在大金片上面。当所有 64 片金片都从梵天创造世界时所放的那根针上移到另外一根针上时，世界将在一声霹雳中消灭，梵塔、庙宇和众生都将同归于尽。

研究这个带有宗教色彩的古老传说，不难发现，移动金片的规律是，把相邻两片金片中下面一片金片移动到另一根针上，移动的次数总要比移动上面一片增加一倍。也就是说，移动第一片只需要一次，移动第二片需要两次，移动第三片需要四次，每移动下面一片都是上面金片次数的两倍。这样把 64 片金片都移动到另一根针上，所需要的次数是：

$$1+2+2^2+2^3+\cdots+2^{63}.$$

这和宰相西萨·班·达依尔所要的麦粒一样多，为

18446744073709551615 次

谁能解释一下？

把这座梵塔全部 64 片金片都移到另一根针上，需要多长时间呢？假如僧侣一秒钟就能移动一次，夜以继日，永

不休息。一年有 31558000 秒，共需要 5800 亿年才能完成。

真是了不起的幂呀！一个 2^{64} 竟是这么大的数字！

├ 五子盗宝

从前有个财主，他有五个儿子。这五个儿子从小游手好闲，财迷心窍。他们听说东海龙宫里有无数金银财宝，做梦都想偷点出来。

一天，五个人在海边徘徊，忽遇狂风暴雨，他们躲进一棵空心大树里。不料这树洞竟是无底的。五个人像掉进了深渊直往下落，吓得他们直冒冷汗。过了一会儿，他们觉得两脚着地，睁眼一看，原来掉进龙王宫里了。五兄弟心中大喜，无心观赏龙宫的景色，一心只想偷得龙宫的珍宝。

他们转过了几道弯，突然眼前一亮，在一棵大珊瑚树下发现有一堆耀眼的东西。老大禁不住叫了一声："宝珠！"拔腿直奔过去，抓起宝珠往衣袋里塞。其他几个兄弟也冲了过去。

"快走吧！"老大得了鼓鼓几口袋宝珠，急于回去。可是老五才捞了一把，不肯就走。正在此时，耳边响起吼声："站住！干什么的？"五个人大惊失色，随即被龙宫的卫兵抓进牢房。

半夜了，老大怎么也睡不着，因为龙王有旨，偷宝珠最多的，天明就要处死，其余的也要杖刑之后赶出龙宫。

老大见四个兄弟睡着了，便悄悄地爬起来，把自己偷的宝珠往他们四个人的口袋里各塞了一些，塞进去的宝珠颗数恰恰等于这四人原有的宝珠数。老大做完这些事后才安心地睡了。过了一会儿，老二醒来，摸摸口袋里的宝珠，奇怪，宝珠怎么变多了？他也悄悄地爬起来，把自己口袋里的宝珠给其余四个人各塞进一些，塞进的宝珠数恰好也等于四个人口袋里的宝珠数。接着，老三、老四、老五依次醒来，也都这样做了一遍，随后就放心睡到大天亮。次日，当卫兵搜查清点五个人偷的宝珠时，发现每人口袋里的宝珠不多不少都是 32 颗，兄弟五人都吓得目瞪口呆。

那么，五个人原来各偷了多少宝珠呢？

这道题如何解？关键是从哪儿入手。由于最后每人有宝珠 32 颗，五人所偷宝珠总数是

$$32 \times 5 = 160 \text{（颗）}.$$

设老大原来偷的宝珠数为 x_1，那么其余四个兄弟偷的宝珠总数为 $(160 - x_1)$ 颗。

老大第一次给出 $(160 - x_1)$ 颗后，余数是

$$x_1 - (160 - x_1) = 2x_1 - 160.$$

老二塞给老大一定数目的宝珠后，老大的宝珠数为

$$2(2x_1 - 160),$$

老三塞给老大宝珠后，老大的宝珠数为

$$4(2x_1 - 160),$$

老四塞给老大宝珠后，老大的宝珠数为

$$8(2x_1 - 160),$$

老五塞给老大宝珠后，老大的宝珠数为

$$16（2x_1-160）.$$

最后老大有宝珠 32 颗，可列出方程

$$16（2x_1-160）=32，$$

$$x_1-80=1，$$

$$x_1=81（颗）.$$

设老二偷宝珠数 x_2 颗，其余四个兄弟偷得宝珠总数为 $（160-x_2）$ 颗。

老大给老二宝珠后，老二的宝珠数为 $2x_2$。

老二给出宝珠后，余数为

$$2x_2-（160-2x_2）=4x_2-160，$$

老三塞给老二宝珠后，老二的宝珠数为

$$2（4x_2-160），$$

老四塞给老二宝珠后，老二的宝珠数为

$$4（4x_2-160），$$

老五塞给老二宝珠后，老二的宝珠数为

$$8（4x_2-160），$$

可列出方程

$$8（4x_2-160）=32，$$

$$x_2-40=1，$$

$$x_2=41.$$

设老三、老四、老五原来偷的宝珠数分别为 x_3，x_4，x_5，依次列出方程

$$4（8x_3-160）=32，$$

$$2（16x_4-160）=32，$$
$$32x_5-160=32.$$

解得 $x_3=21$，$x_4=11$，$x_5=6.$

老大到老五偷得宝珠数依次为 81 颗、41 颗、21 颗、11 颗、6 颗。

船上的故事

一艘远洋巨轮停泊在港湾，某中学的少先队员上船和外国船员联欢。联欢会上，外国船长给少先队员出了一道有趣的题目。

船长说："你们看，我已经是四十开外的中年人了。我的儿子不止一个，我的女儿也不止一个。如果把我的年龄、我的儿女数与你们所参观的这条船的长度（取整数）相乘，它们的乘积等于 32118。同学们，你们能说出我的年纪是多少？共有几个儿女？这条船有多长吗？"

船长的怪题引起了少先队员极大的兴趣。他们仔细琢磨船长的每一句话，终于把题目解出来了。你知道他们是怎样解出来的吗？

他们是这样解的：设船长的年龄为 y，他的儿女数为 x，船的长度为 z，由"儿子不止一个，女儿也不止一个"可知，他儿子和女儿的总数至少为 4，即

$$x \geq 4.$$

由"我已经是四十开外的中年人了"可知

$$40 < y < 60.$$

（60 岁以上称为老年人）

根据题意，可以列出一个方程和一组不等式

$$\begin{cases} xyz = 32118, \\ 40 < y < 60, \\ x \geq 4. \end{cases}$$

接着他们把 32118 分解为质因数的连乘积

$$32118 = 2 \times 3 \times 53 \times 101.$$

把这 4 个不同质数搭配成 3 个整数连乘积，共有 6 种不同的搭配方法

$$2 \times 3 \times 5353, \quad 2 \times 159 \times 101, \quad 2 \times 53 \times 303,$$
$$3 \times 53 \times 202, \quad 3 \times 106 \times 101, \quad 6 \times 53 \times 101.$$

这里，前 5 组中三个因数不都大于 4，只有第六组的三个因数都大于 4。因此，此题只有一组解：$\begin{cases} x = 6, \\ y = 53, \\ z = 101 \end{cases}$，即船长有 6 个儿女，船长 53 岁，船的长度为 101 米。

应该赞赏几位少先队员分析问题的能力。

这时，该船的大副走过来，给少先队员又出了一道题。

大副说："这是过去的事啦。有一艘船，它有 x 只烟囱，y 只螺旋桨，$x \neq y$，而且烟囱数和螺旋桨数都不会超过 6。t 个船员。它于 $1900+z$ 年 p 月 n 日开船启程。上述六个未知数的乘积，加上船长年龄的立方根，等于 4752862。请问：（1）船长几岁？（2）船上的烟囱和螺旋桨共有几只？（3）共有几名船员？（4）它在何年何月何日启航？"

哎呀！大副出的题比船长出的题还难。但是少先队员还是解出来了。

船长年龄的立方根是正整数，那么船长的年龄必定是某个正整数的立方，可能是 $2^3=8$，$3^3=27$，$4^3=64$，$5^3=125$。显然，8 和 125 都不可能。试试 $\sqrt[3]{27}=3$，4752862－3＝4752859。由于 4752859 不能被 2，3，4，5，6 整除，而按常识，船上烟囱数和螺旋桨数都不会超过 6，所以船长年龄不会是 27 岁。船长年龄必定是 64 岁了。因为 $\sqrt[3]{64}=4$，所以这时 4752862－4＝4752858，此数可分解为

$$4752858＝2 \times 3 \times 11 \times 23 \times 31 \times 101.$$

这六个因数就应该是六个未知数，因此有螺旋桨和烟囱之和必然等于 5；月份只能取 11；11 月不会有 31 日，因此日期只能取 23 日；年份只能取 31；船员数为 101。

即船长 64 岁，烟囱和螺旋桨共 5 只，共 101 名船员，1931 年 11 月 23 日启航。

├─ 一句话里三道题

"当王强达到张洪现在的年龄的时候，张洪的年龄是李勇年龄的两倍。"

根据上面这一句话，回答三个问题：

1. 谁的年龄最大？

2. 谁的年龄最小？

3. 王强和李勇现在岁数的比是几比几？

这一句话提出了三个问题，第一个问题最容易回答，张洪年龄最大。第二个问题要确定出王强和李勇的岁数之比后才好回答。

设张洪为 a 岁，王强为 b 岁，李勇为 c 岁。

又设 x 年后，王强达到张洪现在的年龄。则 x 年后，张洪 $(a+x)$ 岁，王强 $(b+x)$ 岁，李勇 $(c+x)$ 岁。

根据题目条件可得

$$b+x=a, \tag{1}$$

$$a+x=2(x+c),$$

即

$$2c+x=a. \tag{2}$$

由（1）和（2）式，得 $b=2c.$

即 $c:b=1:2.$

上式说明王强和李勇现在年龄的比是 $2:1$，李勇的年龄最小。

有关年龄问题的代数题常常是很有趣的，我们不妨再做几道。

张老师给同学们出了一道题："我有两个孩子都在上小学，老大岁数的平方减去老二岁数的平方等于 63，请算算这两个孩子的年龄。"

可以设老大的年龄为 x 岁，老二的年龄为 y 岁。

根据题目条件可得方程

$$x^2 - y^2 = 63.$$

左端分解因式，得　　$(x+y)(x-y) = 63.$

这是一个不定方程，可以有无穷多组解。但是，年龄都是正整数，且 $x > y$，故其和、差也是正整数。因为 $63 = 63 \times 1 = 21 \times 3 = 9 \times 7$，所以只能得以下三组方程：

(1) $\begin{cases} x+y=63, \\ x-y=1; \end{cases}$　(2) $\begin{cases} x+y=21, \\ x-y=3; \end{cases}$　(3) $\begin{cases} x+y=9, \\ x-y=7. \end{cases}$

分别解这三个方程组，可得

(1) $\begin{cases} x=32, \\ y=31; \end{cases}$　(2) $\begin{cases} x=12, \\ y=9; \end{cases}$　(3) $\begin{cases} x=8, \\ y=1. \end{cases}$

这三组解中只有第二组解符合题意。因此，老大 12 岁，老二 9 岁。

黄老师也给同学们出了一道题："我年龄的个位数字刚好等于我儿子的年龄，我年龄的十位数字刚好等于我女儿的年龄；同时我的年龄又刚好是我儿子和女儿年龄乘积的两倍。请你们算一算，我的年龄是多少？"

设黄老师女儿的年龄为 x 岁，儿子的年龄为 y 岁。

则黄老师的年龄为 $10x + y$ 岁。

根据题意可列出方程：

$$10x + y = 2xy.$$

解这个不定方程要比上一个困难，

因为 $x \neq 0$，方程两端可同用 x

除，得

$$10 + \frac{y}{x} = 2y.$$

令 $\frac{y}{x} = z$，上面不定方程变成

$$10 + z = 2y.$$

因为 10 和 $2y$ 都是正整数，所以 z 也是正整数。

因为 $y = xz$，所以 y 一定是 z 的整倍数。

根据上面条件，满足不定方程

$$2y - z = 10$$

的 y 不能小于 6，而 y 又是 z 的整倍数，y 只能取 6。

$$y = 6，则 z = 2，$$

$$x = \frac{y}{z} = \frac{6}{2} = 3.$$

即女儿 3 岁，儿子 6 岁，黄老师 36 岁。

下面的"三人百岁"题比较著名。

"赵、钱、孙三人年龄之和是 100 岁。赵 28 岁时，钱的年龄是孙的两倍；钱 20 岁时，赵的年龄是孙的三倍。问三人年龄各是多少？"

设赵、钱、孙现在的年龄分别为 x 岁，y 岁，z 岁。

又设 a 年前赵 28 岁，则有

$$y-a=2\ (z-a).$$

$$\because\ \ x+y+z=100,$$

$$\therefore\ \ a\ 年前，有$$

$$28+\ (y-a)\ +\ (z-a)\ =100-3a,$$

$$28+2\ (z-a)\ +\ (z-a)\ =100-3a,$$

$$3z+28-3a=100-3a,$$

$$z=24.$$

再设 b 年前钱 20 岁，则有

$$x-b=3\ (z-b).$$

同理有　$3\ (z-b)\ +20+\ (z-b)\ =100-3b.$

$$4z-b=80.$$

将 $z=24$ 代入，得 $b=16.$

即 16 年前钱 20 岁，现在钱为 36 岁，孙 24 岁，赵 40 岁。

⊢ 蛇与孔雀

11 世纪的一位阿拉伯数学家曾提出一个"鸟儿捉鱼"的问题：

"小溪边长着两棵棕榈树，恰好隔岸相望。一棵树高 30 肘尺

（肘尺是古代长度单位），另外一棵树高 20 肘尺；两棵棕榈树的树干间的距离是 50 肘尺。每棵树的树顶上都停着一只鸟。忽然，两只鸟同时看见棕榈树间的水面上游出一条鱼，它们立刻飞去抓鱼，并且同时到达目标。问这条鱼出现的地方离比较高的棕榈树根有多远。"

解这个问题可以先画一个图。设所求的距离为 x 肘尺。

根据勾股定理，有

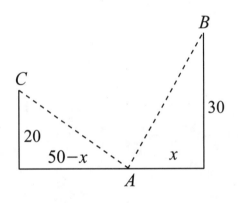

$$AB^2 = 30^2 + x^2,$$

$$AC^2 = 20^2 + (50 - x)^2.$$

$\because \quad AB = AC,$

$\therefore \quad 30^2 + x^2 = 20^2 + (50 - x)^2.$

经过化简整理，得

$$100x = 2000.$$

这是一个一元一次方程，解得 $x = 20$.

因此，这条鱼出现的地方离比较高的棕榈树根 20 肘尺。

12 世纪的印度数学家婆什迦罗提出过一个"孔雀捕蛇"问题：

"有一根木柱。木柱下有一个蛇洞。柱高为 15 腕尺（古代长度单位），柱顶站有一只孔雀。孔雀看见一条蛇正向洞口游来，现在与洞口的距离还有三倍柱高。就在这时，孔雀猛地向蛇扑过去。问在离蛇洞多远，孔雀与蛇相遇？"

计算这个问题也要先画一个图，并假定孔雀和蛇前进的速度相同。

设离蛇洞 x 腕尺孔雀与蛇相遇。

∵ $AB = AD = 45 - x$,

根据勾股定理，有

$$(45 - x)^2 = 15^2 + x^2.$$

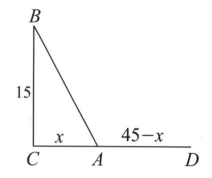

化简整理，得一元一次方程

$$90x = 1800,$$

解得 $x = 20$.

因此，在离蛇洞 20 腕尺处孔雀与蛇相遇。

细细分析这两个出自不同地区、不同时间的问题，它们有许多相似之处，连答数都一样！

┝ 解算夫妻

在智力游戏和智力竞赛中，经常会遇到找夫妻的题目。这类题目也是很有趣的。先看一道题：

"有三对夫妻一同上商店买东西。男的分别姓孙、姓陈、姓金，女的分别姓李、姓赵、姓尹。他们每人只买一种商品，并且每人所买商品的件数正好等于那种商品的单价（元数）。现在知道每一个丈夫都比他的妻子多花 63 元，并且老孙所买的商品比小赵多 23 件，老金所买的商品比小李多 11 件，问老孙、老陈、老金的爱人各是谁?"

这道题可以利用方程组解算出来。

设丈夫买了 x 件商品，妻子买了 y 件商品，根据"每人所买商品的件数正好等于那种商品的单价（元数）"，可以知道丈夫总共花去 x^2 元，妻子花去 y^2 元；再根据"每一个丈夫都比他的妻子多花去 63 元"，可得不定方程

$$x^2 - y^2 = 63.$$

由于 x，y 代表商品件数，只能取自然数，而左端又能因式分解，因此，下列方程

$$(x+y)(x-y) = 63$$

的右端也应分解。有三种可能：63×1，21×3，9×7。可得三组联立方程

$$\begin{cases} x_1 + y_1 = 63, \\ x_1 - y_1 = 1; \end{cases} \quad \begin{cases} x_2 + y_2 = 21, \\ x_2 - y_2 = 3; \end{cases} \quad \begin{cases} x_3 + y_3 = 9, \\ x_3 - y_3 = 7. \end{cases}$$

解得

$$\begin{cases} x_1 = 32, \\ y_1 = 31; \end{cases} \quad \begin{cases} x_2 = 12, \\ y_2 = 9; \end{cases} \quad \begin{cases} x_3 = 8, \\ y_3 = 1. \end{cases}$$

以上三组解就是三对夫妻所买商品的件数。

根据条件"老孙所买的商品比小赵多 23 件"，可确定 x_1 为老孙买的商品件数，y_2 为小赵买的商品件数；

李太太   赵太太   尹太太   跟班

再根据条件"老金所买的商品比小李多 11 件",可确定 x_2 为老金所买的商品件数,y_3 为小李买的商品件数。

由此定出老孙和小尹是夫妻,老金和小赵是夫妻,老陈和小李是夫妻。

再来看一道题:

"依万、彼得、谢明和他们的妻子奥丽、伊林和安娜的年龄总和是 151 岁,同时每个丈夫都比妻子大五岁。依万比伊林大 1 岁,奥丽和依万年龄的总和是 48 岁,谢明和奥丽年龄的总和是 52 岁。试问他们之中谁和谁是夫妻?他们的年龄各是多大?"

解算这个问题可以分两步来做。首先确定谁和谁是夫妻:

由"依万比伊林大 1 岁"和"每个丈夫都比妻子大五岁"可知依万的妻子不可能是伊林。另外"奥丽和依万年龄的总和是 48 岁",由 48 减去 5 得 43,不能被 2 整除,而年龄都是整数，因此，奥丽也不是依万的妻子。因此只有安娜才是依万的妻子。

由"谢明和奥丽年龄的总和是 52 岁"可知，$52-5=47$ 仍不能被 2 整除，奥丽不是谢明的妻子，而是彼得的妻子。

剩下的谢明和伊林为夫妻。

其次，再算他们的年龄：

设依万为 x 岁，彼得为 y 岁，谢明为 z 岁，

则安娜为 $(x-5)$ 岁，奥丽为 $(y-5)$ 岁，伊林为 $(z-5)$ 岁。

利用题设条件可得

$$\begin{cases} x+y+z+(x-5)+(y-5)+(z-5)=151, \\ x+(y-5)=48, \\ z+(y-5)=52. \end{cases}$$

整理，得

$$\begin{cases} x+y+z=83, \\ x+y=53, \\ x+z=57. \end{cases}$$

解得　$x=26$，$y=27$，$z=30$.

又得　$x-5=21$，$y-5=22$，$z-5=25$.

即依万为 26 岁，安娜为 21 岁；彼得为 27 岁，奥丽为 22 岁；谢明为 30 岁，伊林为 25 岁。

├─ 弯弯绕国的奇遇

铁蛋和铜头到弯弯绕国去玩，经历了几件惊险和有趣的事。

第一件事——开密码锁

铁蛋和铜头到弯弯绕国不久，就被士兵当作奸细抓住，关在一间石头房子里。石头房子只有一扇铁栅栏门，门上锁着一把密码锁。门上还钉有一块小牌，上面写着：

"开锁的密码是 $abcdef$ ，这六个数字各不相同，而且 $b \times d = b$ ， $b + d = c$ ， $c \times c = a$ ， $a \times d + f = e + d$ 。"

铁蛋指着小牌说："只要能把 $abcdef$ 这六个数字算出来，咱俩就可以打开锁出去。"

铜头搓着双手问："六个未知数，只有四个式子怎么算法？得出来的结果也不唯一呀！"

铁蛋说："你看这第三个式子是 $c \times c = a$ ，说明 a 一定是一个平方数。从 0 到 9 这十个数中，只有 0，1，4，9 是平方数。 a 不能是 0，否则 c 一定是 0，这时 a 和 c 相等了，与纸条上写的六个数字各不相同这个条件不相符合。同样道理， a 也不能是 1， a 只能是 4 或 9，而 c 只能是 2 或 3。"

一听铁蛋分析得有道理，铜头也来精神了，他说："给出了 $b \times d = b$ ，说明 d 一定等于 1。"

铁蛋接着说:"d 等于 1,由 $b+d=c$ 可以知道 c 比 b 大 1。由刚才分析出 c 或等于 2,或等于 3,可以得到 $b=2$,$c=3$。"

"那是为什么?"铜头有点糊涂。

铁蛋说:"你看,c 不能等于 2,否则 b 必定等于 1,可是 d 已经是 1 了,因此,b 只能等于 2,c 就等于 3 了。"

铜头高兴地两手一拍说:"$c=3$,a 就等于 9,快算出来喽!"

铁蛋指着最后一个式子说:"既然 $a×d+f=e+d$,可以肯定 $f=0$,$e=8$。"

"噢!算出来啦!$abcdef=923180$,快开锁吧!"铜头说完就动手去拨密码锁的号码,当拨到 923180 时,只听"咔嗒"一响,密码锁打开了。铜头拉开铁栅栏,拉着铁蛋跑了出去。

第二件事——走快乐与烦恼之路

铁蛋和铜头向前走了一段,前面出现一个大门,门上写着"快乐与烦恼之路"。

一进大门,就看见两边各站着一个机器人。前面有两条道路,不用说,一条是快乐之路,一条是烦恼之路。可是哪条是快乐之路呢?

铜头问两个机器人:"走哪条路能得到快乐?"

左边的机器人说:"走右边那条路。"

右边的机器人说:"走左边那条路。"

"嘿！这倒好，你们俩一人说一条。"铜头回头问铁蛋，"它俩谁说得对？"

铁蛋正在专心看一个小白牌，牌上写着："这两个机器人，一个只说真话，不说假话；另一个只说假话，不说真话。"

铜头摸着脑袋说："这两个机器人一模一样，我知道谁专门说真话？有了，我去问问他俩。"

铜头先问左边的机器人："你专说真话吗？"

左边的机器人点点头说："对，我专说真话。"

铜头转身又问右边的机器人："你专说假话吗？"

右边的机器人摇摇头说："不，我专说真话。"

铜头生气地说："怎么？你们俩都专说真话，难道是我铜头专说假话不成？真是岂有此理！"

铜头对铁蛋说："问不出来怎么办？"

"不能这样直接问，我来试试。"说着，铁蛋走到左边的机器人面前，"如果请右边那个机器人回答'走哪条路能得到快乐'，它将怎样回答？"

左边的机器人说："它将回答'走左边那条路'。"

铁蛋往右一指说："咱们应该走右边这条路。"

铜头可糊涂了。他问："这是怎么回事？为什么你这样一问，就肯定走右边这条路呢？"

铁蛋解释："其实，直到现在我也不知道哪个机器人说假话。但是，我可以肯定它的回答一定是假话。"

"那是为什么？"铜头越听越糊涂。

铁蛋说："假如左边的机器人说假话而右边的说真话，那么左边机器人回答的'它会说走左边那条路'是一句假话，真话应该走右边的路。"

"你并不知道左边的机器人说假话呀？"

"对。假如右边的机器人说假话而左边的说真话，那么左边机器人回答的一定是一句真话，而右边机器人说的'走左边那条路'是假话，咱俩还是要走右边这条路。如果把讲真话记作＋1，讲假话记作－1，左边机器人的回答就好比（－1）×（＋1）＝－1 或（＋1）×（－1）＝－1，其结果总是－1，也就是说的一定是假话。"

铜头一拍大腿说："真绝！你让一句假话和一句真话合在一起说，其结果一定是句假话。"

第三件事——遇到了兄弟四人

铁蛋和铜头路过一家门口，见兄弟四人在争吵什么。铜头凑过去看热闹，被大哥一把拉住。

大哥说："你来给我们解决一下纠纷，解决不了你就别想走！父亲临终前留给我们兄弟四人4500元钱，但是不许我们平分。"

铜头问："那应该怎样分呢？"

大哥接着说："如果把我分得的钱增加200元，老二的钱减少200元，老三的钱增加一倍，老四的钱减少二分之一，那么大家手里的钱都一样多了。请你给算算我们各应该分多少钱？"

"这么个简单问题，你们兄弟四人硬是解决不了？看我的!"铜头捋了捋袖子蹲下来边写边说，"设你们四人应分得的钱数分别为 x 元，y 元，z 元，w 元。钱数总共有 4500 元，可列出一个方程

$$x+y+z+w=4500.$$

又老大增加 200 元，老二减少 200 元，老三增加一倍，老四减少二分之一，你们的钱数就相等了，可列出

$$x+200=y-200=2z=\frac{w}{2}.$$

这实际上是一个四元一次方程组：

$$\begin{cases} x+y+z+w=4500, \\ x+200=y-200, \\ x+200=2z, \\ x+200=\dfrac{w}{2}. \end{cases}$$

把 y，z，w 都用 x 来表示，有

$$y=x+400,\ z=\frac{1}{2}x+100,\ w=2x+400.$$

把它们代入方程组的第一个方程中，得

$$x+(x+400)+(\frac{1}{2}x+100)+(2x+400)=4500,$$

解得 $\qquad x=800.$

进而可得 $y=1200$，$z=500$，$w=2000$."

铜头站起来，把手一挥说："好了，老大分 800 元，老

二分 1200 元，老三分 500 元，老四分 2000 元。做爹妈的都疼最小的，老四分得最多!"兄弟四人一再感谢铜头帮忙。

铜头高兴地说："这没什么，解个方程组就解决了。"

第四件事——两个牧人之争

两人继续往前赶路，前面来了一大群羊，一胖一瘦两个赶羊的，边走边争吵。

铜头对两个人说："你们俩为什么要吵？我可以帮助你们做些什么吗?"

胖子气呼呼地说："我们俩有笔账总算不清楚，你要帮不了忙啊，就少管闲事!"

"嘿，你这个人！你怎么知道我不会算？我刚刚给兄弟四人算清了一笔遗产。"铜头最怕别人瞧不起他。

瘦子满脸堆笑地说："如果你能给算出来，那可太好了。事情是这样的：原来我们俩有一群牛，后来把牛卖了，每头牛卖得的钱数恰好等于牛的总数。我们俩又以每只 10 元的价钱，买回来一群羊。我们把卖牛的钱都交给了卖羊的。卖羊的一算，我们给的钱还多出了几元，他又多给了一只小羊。"

铜头着急地问："那你们吵什么呀？"

"嗨！问题是我们俩不想再合伙了，想把这群羊分了。"胖子接着说，"他比我多分了一只大羊，我只得了那只小羊，当然我吃亏了。他要补给我一点钱。你给算算，他应该给我多少钱？"

铜头拍着脑门儿想了想，问："你们当初有多少头牛，现在有多少只羊，你们数过了没有？"

胖子说："你不懂干我们这一行的规矩！我们的牛呀，羊呀，都不许数数，因为越数越少！"

"哪有的事！牛的头数、羊的只数都不知道，我没法算。"铜头说完拉着铁蛋就要走。

"站住！"胖子把眼一瞪说，"你把我们俩拦住，说你能给算出来。转过脸，你又说算不了。哼，你算不出来，要吃俺几下赶羊棍！"说着举棍就要打。

"我看你敢打！"铜头摆好架势要动武。铁蛋赶紧给拉开了。

铁蛋说："我来试试吧。你卖牛的钱数应该是个完全平方数。"

"有什么根据？"

"假设你们有 n 头牛，既然每头牛卖的钱数与牛的头数相等，是 n 元，那么卖牛的总钱数就是 n^2 元。n^2 不就是一个完全平方数吗？"

"对，对。"瘦子点点头："请继续说下去。"

铁蛋对瘦子说："既然你多得了一只大羊，说明你们俩买的大羊是奇数只。又因为每只大羊 10 元钱，买了大羊还剩下几元钱，可以肯定剩下的钱大于 0 而小于 10 元。"

"那是当然。"胖子点点头，"如果够 10 元，我们会再买一只大羊。请你注意，钱数都是整元的，没有几角几分的。"

铁蛋继续说："设剩下的钱为 m 元，那么 $\dfrac{n^2-m}{10}$ 就是你们买的大羊数，这个数是个奇数，可以进一步肯定 n^2-m 的十位数一定是个奇数。又由于 m 是个一位数，这样 n^2 的十位数一定是个奇数。"

铜头摸着脑袋问："铁蛋，你这是绕什么弯子?"

铁蛋又对胖子说："为了算出他应该补给你多少钱，关键是求出 n^2 的个位数 m 是多少。这 m 也就是小羊的价钱。"

胖子点点头说："你算得一点也不错。你快把 m 算出来吧!"

铁蛋琢磨了一会儿，才说："一个平方数，如果它的十位数是奇数，那么它的个位数一定是 6。"铁蛋说到这儿回头一看，胖子、瘦子和铜头一起摇头，知道他们都没听懂。

铁蛋边写边讲："决定 n^2 十位数字的，只有 n 的个位数字 b 和十位数字 a。由 $(10a+b)^2=100a^2+20ab+b^2=(10a^2+2ab)\times10+b^2$ 可以看出，n^2 的十位数字有一部分

来源于 $10a^2+2ab$，另一部分来源于 b^2。而 $10a^2+2ab=2\times(5a^2+ab)$ 是一个偶数，n^2 的十位数字如果是奇数，只可能来源于 b^2 的十位数字是奇数。"

三人一齐说："对，偶数加奇数才能得奇数。"

铁蛋说："你们想，$1^2=1$，$2^2=4$，$3^2=9$，$4^2=16$，$5^2=25$，$6^2=36$，$7^2=49$，$8^2=64$，$9^2=81$，这九个平方数中，十位数字是奇数的只有 16 和 36，它们的个位数都是 6 吧？"

"我明白了。"胖子高兴地说，"n^2 的个位数 m 一定是 6，也就是说小羊价钱是 6 元，瘦子应该找给我 2 元钱才对！"

瘦子掏出 2 元递给胖子，就算找补给他的钱。两人谢过铁蛋，各自赶路去了。

第五件事——评判谁干得多

"站住，站住！"从远处跑来四个大汉。

领头的一个黑大汉说："听说你们俩专会解决纠纷，快给我们解决一个纠纷吧！"

铜头问："请问贵姓？干什么的？"

黑大汉说："我们四个人依次姓赵、钱、孙、李，同在一个工厂里干活。厂长说，赵比钱干得多；李和孙干活的数量之和，与赵和钱干活的数量之和一样多；可是，孙和钱干活的数量之和，比赵和李干活的数量之和要多。我们四个人都说自己干得多，你给我们排个一二三四吧！"

铜头用手抓脑袋说："这么乱，我从哪儿下手给你们解决呀？"

铁蛋小声提示铜头说："其实只有三个条件，你一个一个地考虑嘛！"

"好，我一个条件一个条件地给你们考虑，先给你们列三个式子。"铜头在地上写着：

$$赵 > 钱，\tag{1}$$

$$李 + 孙 = 赵 + 钱，\tag{2}$$

$$孙 + 钱 > 赵 + 李，\tag{3}$$

铜头小声问铁蛋："往下可怎么做啊？"

铁蛋小声说："用（3）式减去（2）式。"

"对，用（3）式减去（2）式就成啦！"铜头又写道：

孙 + 钱 - （李 + 孙）> 赵 + 李 - （赵 + 钱），

孙 + 钱 - 李 - 孙 > 赵 + 李 - 赵 - 钱，

钱 - 李 > 李 - 钱，

2钱 > 2李，∴ 钱 > 李.

"这就算出来钱比李干得多！可以排出

$$赵 > 钱 > 李.$$

你们三个人中数姓赵的干得多。"铜头挺高兴。

姓孙的凑过来问："我呢？"

"你别着急啊！"铜头说，"把（2）式变变形，有，

钱 - 李 = 孙 - 赵，

∵ 钱 - 李 > 0，

$\therefore$　孙－赵 > 0，

即孙 $>$ 赵."

铜头郑重地宣布："姓孙的第一，姓赵的第二，姓钱的第三，姓李的最末。"四个人高兴地走了。

铜头摇了摇头说："这弯弯绕国真够绕人的。"